網頁設計

Web Design

張毅
編著

崧燁文化

目錄

Preface 序

Forword 前言

第一章 網路話起、印象初立

第一節 虛擬世界的現實體驗 14
一、網路與時代進步 14
二、網路與經濟發展 14
三、網路與社會生活 14

第二節 網路的入口——網頁 15
一、網頁的發展 15
二、網頁的特點 17
三、網頁的分類 20

第二章 技術探究、媒體鑑識

第一節 技術識別——網頁設計的基礎 60
一、網頁語言 60
二、網頁連結 61
三、網站域名 61
四、網路協議 62

第二節 媒體交融——網頁設計的靈魂 62
一、秀外慧中——網頁的靜態呈現 63
二、繪聲繪影——網頁的動態交匯 75
三、各司其職——網頁的製作整合 77
四、無懈可擊——網頁的效果展示 78

第三節 尖端聚焦——網頁設計的技術變遷 79
一、多元專業的軟體工具開發 79

二、全面交融的媒體技術發展 80
三、卓越兼容的顯示平台優化 80
四、智慧安全的操作功能要求 80

第三章 元素碰撞、設計創新

第一節 視角轉換——網頁設計再定義 84
第二節 形式塑造——網頁設計的組成 86
一、框架構建——網頁的結構設計 86
二、視覺表述——網頁的界面設計 87
第三節 規劃整編——網頁設計的流程 129
一、項目策劃 129
二、資訊組織 129
三、設計製作 129
四、測試發布 129
五、宣傳推廣 130
六、反饋完善 130

第四章 潮流玩轉、經典涅槃

第一節 新時代、新需求與新網頁 138
一、風格與氣質——形神兼備 138
二、內容與形式——渾然一體 140
三、互動與體驗——多元完美 142
第二節 觸摸網頁新境界 144
一、簡約時尚 144
二、寫實多次元 146
三、動漫情節 148
四、傳統印象 150
五、懷舊餘溫 152
六、抽象力量 154

七、手繪溫情....................156
八、環保本色....................158
九、字體純粹....................160
十、復古韻味....................161
十一、網格秩序..................163
十二、金屬質感..................165
十三、奢華光芒..................167
十四、極簡淡泊..................169
十五、軟玉清新..................170
十六、中性謙和..................172
十七、童趣盎然..................175
十八、唯美浪漫..................177
十九、神祕莫測..................179
二十、混搭多元..................181
二十一、小眾琳瑯................183

後記

網頁設計 Web Design

目錄

網頁設計 Web Design

Preface 序

　　歲月流轉，市場已經基本完成了對設計的確認，日常生活表現出對設計的強旺需求，文化建設正在對設計注入新的活力……隨著各行各業對設計的投入越來越大，人們對設計和設計師的期望也越來越高。這一切，或許也是設計教育長存不衰的緣由。

　　確實，設計和設計教育的勃興無疑對高速發展的社會提供了些許前所未有的新動力。這一點，隨著時間的推移，還會進一步獲得印證。隨著設計概念的普及，越來越多的人懂得了設計在經濟發展、社會進步、文化建設中的關鍵性作用；懂得了在現今這一歷史階段，離開了設計，幾乎一切社會活動都將難以進行。無論是理性的、商業的，還是激情的、文化的，無論是學習西方的、先進的，還是弘揚民族的、傳統的，無論是大型的、宏觀的，還是小型的、私密的；只要是公開的、需要展現的，就不能缺少設計的參與。隨著設計理念的深入人心，設計師們的藝術智慧和設計創意源源不斷地流向社會，越來越多的人懂得包裝設計不只是梳妝打扮，裝飾設計不等於塗脂抹粉，產品設計不僅僅變換樣式，時尚設計不在於跟風賣萌，視覺設計已經不再滿足於搶眼球，環境設計也開始反思一味地講排場、求奢華……設計內涵的表達、功能的革新、樣式的突破、情感的滿足、文化的探索等一系列原本屬於設計圈內的熱門話題，現在都走出了象牙塔，漸為普通大眾所關心、所熟知。

　　當然，在設計事業風光無限的同時，設計遭遇的尷尬也頻頻出現。一方面，設計在幫助人們獲得商業成功的同時，也常常一不小心，成為狹隘的商業利益的推手。另一方面，設計教育在持續了十多個年頭的超常規發展之後也疲態畢露，尤其表現在模式陳舊、課程老化、教材雷同、方法落伍、思維凝結……甚至，一定程度的游離於社會實踐。

　　不僅如此，設計和設計教育的社會擔當和角色定位還仍然處於矛盾和糾結之中。設計的社會作用和社會對設計的認可還遠沒有達到和諧一致，這使得我們的設計師往往需要付出比已開發國家設計師多得多的代價，而他們的智慧和創意還常常難以獲得應有的尊重。設計教育在為社會培養了大批優秀設計師的同時，還承擔著引領社會大眾的歷史職責。諸如設計和生態環境、設計和能源消耗、設計和材質親和，以及設計如何面對傳統和時尚、面對歷史和未來、面對發展和可持續，所有這些意想不到的種種糾葛、矛盾，都會在第一時間遭遇設計思維，也都會在整個過程中時時叩問著設計和設計教育的良心。

　　設計教育的先驅，包浩斯的創始人格羅佩斯斯認為，「設計師的職責是把生命注入標準化大量生產出來的產品中去。」設計師的職責是偉大的，設計教育的使命是崇高的，可面臨的挑戰也不言而喻。

　　工業革命以來，設計一直站在社會變革的最尖端，如果說，第一次工業革命在給人類帶來效率和質量的同時，把人們束縛在機器上；第二次工業革命在給人類帶來財富和

質量的同時，把人們定格在工作上；第三次工業革命，以資訊為主導的交互平台成功地將人類「綁架」在手機上，那麼，設計在這三次工業革命中所起的作用是否值得我們反覆思考呢？

　　對於初期的機器生產來說，設計似乎無關緊要；對於自動化和高效率來說，設計的角色僅限於服務；而隨著資訊社會的臨近，設計也逐漸登上產業進程的頂端。我們曾經很難認定設計是一種物質價值，可設計締造的物質價值無與倫比。我們試圖把設計納入下里巴人的實用美術，以便與陽春白雪的純藝術保持距離，可設計卻以自身的藝術思維和創意實踐，不斷縮短著兩者的間距，並且使兩者都從中獲益。

　　如果說，在過去的 20 年中，設計的主要功能是幫助人們獲得了商業成功。那麼現在，毫無疑問，時代對設計提出了新的挑戰。這就是，在商品大潮、市場法則、生活品質、物質享受、權力支配等各種利益衝突的糾葛中，如何透過設計來重新定位人的尊嚴和價值，如何思考靈魂的淨化和道德的昇華，如何重建人際間的健康交往，如何展現歷史和地域的文化活力，如何拓展公眾的視野，如何讓社會變得更加多元和包容，如何感應人與自然的利益共享及可持續發展。這也是人們今後對設計和設計教育的期望。

　　新的挑戰也是我們的新動力。

　　我們相信，在新一輪的社會發展過程中，設計的作用將越來越重要，設計教育的發展應該越來越健康。

楊仁敏

網頁設計 Web Design

Preface 序

Forword 前言

　　傳播領域的每一項創舉都深刻地影響著人類文明的進程，就如同電視的誕生一樣。當人們為電視給傳播領域帶來的重大變革，喜悅了近半個世紀的時候，網際網路開始悄悄地走進我們的世界。雖然我們意識到網路會給人類世界帶來巨大影響，但就像很多未曾面世的驚世發明，誰也無法預料到它將會怎樣影響我們、影響世界。很快，網路就會用它飽含人類智慧的功能體系，與超越時代的前進步伐，向我們證明，網路——人類歷史上偉大的科技成果，它創造了一個史無前例的資訊時代，正以前所未有的速度改變整個人類社會。

　　網路改變了我們固有的生活方式，改變了我們曾沿用已久的學習和工作方式，顛覆了我們曾以為最便捷的交流方式……網路影響著人類生存與文明進步的每一個方面。顯而易見，網路早就不僅停留在資訊技術的範疇，人類將告別舊時代，進入以電腦技術為核心的網路資訊時代。

　　在網路資訊技術發展的初期，網路上只有一些主頁，這些主頁可能只是提供一些毫無美感的文字資訊、少量的連結與 E-mail 的發送與接收，是簡陋版的「靜態網頁」。時光飛逝，這些「靜態網頁」如明日黃花，被功能更強大、更以人為本的「動態網頁」所取代，網路因為「動態網頁」的出現而變得更加多元化、人性化；我們每一個人都可以在網路上學習、工作、瀏覽資訊、結交朋友，做自己想做的事，找到自己想要的東西……我們正在享受一個前所未有的網路共享時空。如今，資訊技術的發展、藝術思潮的湧動、人們審美需求的提高，使網頁不僅要滿足多功能、全方位的需求，更需要追求網頁界面視覺與藝術的審美享受，網頁設計因此而走上了設計藝術的道路，成為視覺傳達設計家族的新成員。有鑑於此，本書立足視覺傳達設計藝術的特點，從新時代、新形勢下的網路作用與網頁特點出發，以網頁的發展脈絡為依據，詳細闡述網頁設計的理論與技術原理，並結合網頁設計與時代變化的緊密性、技術發展的同步性、藝術變革的共存性，對網頁設計的設計標準和技術發展，做深入地探索分析與趨勢展望，希望為今天的網頁設計教學注入前進的新動力。

　　網頁設計沒有所謂的最佳方法，也沒有絕對準確的評價標準。網路與資訊技術塑造了網頁與時俱進的技術核心，視覺傳達設計理論與審美思潮，則賦予了網頁個性鮮明的表現形式。因此，圍繞網頁設計與視覺傳達設計藝術之間的共通性和差異性，強調理論與實踐、思考與創新的結合，是本書始終不變的宗旨，也正如優秀的網頁設計師所堅持的一樣，藝術與技術、激情與理性……

第一章 網路話起、印象初立

21世紀究竟是一個怎樣的時代？有人說：「這是一個網路經濟時代」；也有人說：「這是一個資訊科技時代」；還有人說：「這是一個虛擬與現實共存的時代」……顯而易見，21世紀是一個與網路息息相關、休戚與共的時代，因為網路的出現改變了資訊的傳輸方式，豐富了人類的生存與競爭方式，變革了社會的存在與布局方式，網路已成為這個時代進步與發展的原動力。

　　「網際網路」一詞乃英文「internet」的中文譯名，「internet」是「inter」（互相，在……之間）和「net」（網路）兩詞的結合。首先，從功能和作用來講，網路是包含了龐大資訊資源的全球性電腦網路，它聯結了全球幾乎所有的電腦網路，並向全世界提供各種關於人類生存和生活等，方方面面的資訊服務。其次，從存在形式來說，網路雖擁有龐大的涵蓋面，卻仍然是「大隱隱於市」的虛擬平台。最後，從宏觀現實的角度來看，網路是資訊社會存在和發展的一個總的基礎結構，是網路資訊時代的標誌，這個時代的政治、經濟、軍事與文化的發展都離不開網路。

　　網頁設計，因網路的發展而誕生，是應用於資訊時代網路入口的新設計形式。所以，學習網頁設計，要從瞭解網路開始。

第一節 虛擬世界的現實體驗

一、網路與時代進步

時移世易、滄海桑田，時代總是無法停下那匆忙的腳步。從歐洲的時代歷史進程來看，經歷了遠古時期的石器時代、鐵器時代，中世紀時期的黑暗時代、封建時代，啟蒙時期的文藝復興與地理大發現時代，殖民時期的蒸汽時代與帝國時代，到近現代的電氣時代與原子時代等，以及今天正在經歷的，我們稱之為資訊時代或網路時代的當代，由此，社會進入高速發展的新時代。時代的進步與生產力的發展是一脈相連、休戚與共的，從簡陋石器的出現、樸拙鐵器的使用，到蒸汽機引發的工業革命，再到顛覆時代的、智慧與科學結晶的資訊科技，生產力總是化身為不同的載體引領時代前進，推動時代發展。因此，推動資訊科技的發展，推動生產力的發展，成為當今時代前進的重中之重。

二、網路與經濟發展

經濟發展，總體來說是指一個國家擺脫貧困落後狀態，走向經濟形勢現代化、社會生活現代化的過程。在當代，經濟發展主要有四層標準：第一是經濟數量的增長，第二是經濟質量的提高，第三是經濟形式的轉變，第四是經濟結構的優化。毋庸置疑，在資訊時代，網路與資訊科技是推動經濟發展的決定性力量。眾所周知，當代經濟形勢發展的重要特徵是電子商務（Web Commerce）的規模化、成熟化與專業化。這是因為電子商務不僅涉及現階段經濟發展的方方面面，其最終目標更是實現全球範圍內的整個經濟交流與商務過程的網路化、電子化和數位化，這將是未來經濟發展的基礎。亞馬遜（Amazon）、雅虎（Yahoo）、eBay、阿里巴巴、百度、騰訊、新浪等多家電子商務公司、商務網站的規模化和專業化發展，支付寶、財付通、銀聯在線等第三方支付平台服務的完善，都無不體現網路與資訊科技對經濟發展所產生的強大推動力。

三、網路與社會生活

當今時代，電視、書籍、報刊、廣播等傳統媒體，仍然扮演社會生活中不可或缺的角色，我們卻無法抗拒地感受到來自網路的強大力量。網路這個無形的超級媒體以最廣闊的涵蓋面、最強的控制力支配著社會生活的方方面面。首先，網路大量多樣的資源資訊、傳資訊的快速便捷，都決定了網路以全方位的優勢，超越了各類傳播媒體，成為當今時代資訊獲取與傳播的最大媒介與極速樞紐。所以不管你身處何處、從事何種職業，都可以在網路上尋找到所需要的資訊，實現多元互動與極速交流。其次，隨著時代的進步與資訊科技的發展，行動網路的出現拓寬了簡訊、電子郵件的渠道，提升了效率，小到個人生活、交流工作，大至教育進步、國家發展，都離不開網路的強大力量。所以，我們無法只是用「社會生活的助手」這樣的詞語來形容網路，因為網路根本就是這個時代社會生活發展的動力。

第二節 網路的入口——網頁

當我們暢遊網路時空，享受多元網路服務的時候，有沒有想過究竟是誰，給了我們如此精彩的完美體驗？當然，這一切離不開網路和資訊科技，但是，我們更加無法忽略的，越來越受到我們重視的，功能更加多元、服務更加人性、審美更加愉悅的，是我們進入和體驗網路的入口——網頁！網頁就如同一扇扇不同的門，為我們開啟了網路這個精彩紛呈的世界，讓我們領略網路的無限魅力。這是因為，網頁是構成網站的基本元素，是承載各種網路應用的平台。網頁以網路和資訊科技為支撐，以視覺藝術和審美思潮為依託，以多元化、新形式、廣渠道、無障礙、人性化的方式向全人類提供更優質的使用者體驗與更高效的資訊服務。可以說，網路和資訊科技推動網頁的發展，網頁的發展則反過來，規範和完善網路的資訊傳播和服務模式，讓網路的服務變得更加周全妥帖。現在，就讓我們一起打開網頁發展的歷史長卷，在歷史中感受網頁發展給網路、給社會帶來的巨大改變。

一、網頁的發展

（一）沒有設計的文本網頁

從 1990 年代初期，世界上第一個網站誕生，直至 1994 年的網站都延續了同樣的標準和形式，即都是由純文本的網頁組成，有部分文字連結，偶爾也會有極少量的圖片出現；網頁界面由簡單的文字組成，編排方式僅有標題和正文之分，幾乎沒有任何設計與布局可言；在功能方面僅提供簡單的資訊瀏覽與 E-mail 的發送接收等簡單項目。這些最早期的網頁似乎只是想要告訴我們，什麼是網頁，網路可以幹什麼。（圖 1-1）

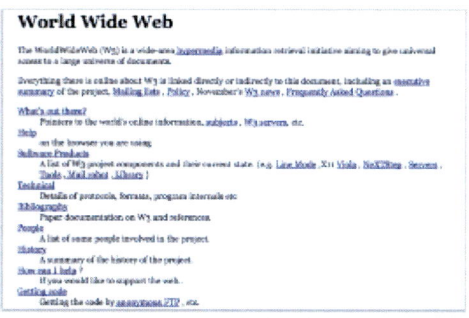

圖 1-1　1992 年的文本網頁

（二）W3C 與網頁標準的確立

1994 年，W3C（全球資訊網協會）成立。為了維護網路的完整性，他們將 HTML 確立為網頁的標準標記語言。與此同時，他們開始並一直致力於確立和維護網頁程式語言的標準，迄今為止，W3C 已經設定並發布了 200 多項影響深遠的網頁技術標準及應用指南，有效地促進了網頁技術之間的相互兼容，對網路技術的進步與網頁的標準化發展造成了關鍵性的作用。其中需要明確的是，W3C 建立的網頁標準絕不僅僅指具體的某一個標準，而是指多個網頁標準的集合。歸結起來，網頁標準主要規定了網頁必須具備以下三個標準：結構標準（Structure）、表現標準（Presentation）和行為標準（Behavior）。因此，可以說 W3C 與網頁標準的確立是網頁發展史上的一個里程碑。

15

（三）開始注重網頁的審美性

在將 HTML 作為網頁的標準標記語言之後，表格布局技術對於網頁結構標準設立的可用性開始彰顯，網頁設計師們開始大量使用表格布局技術來構建與表現比以往更加複雜的網頁。從此，網頁版面的審美性開始被重視。首先，頁面結構不再是以前單一的標題與正文，變得更加有層次，初步具備了網頁的結構秩序與形式美感。其次，GIF 格式的圖片被大量地使用在網頁設計中，豐富了網頁的視覺表現，網頁開始從單一媒體形式向多媒體形式拓展。也正是從這個時候開始，網頁設計開始進入視覺傳達藝術設計的行列。（圖 1-2、圖 1-3）

（四）多媒體成為網頁的主角

從這個時候開始，網頁設計師們開始更加注重網頁的視覺效果，因為他們發現，靜態的網頁已經無法滿足多元化資訊傳遞的需求，更加不能滿足使用者愈發挑剔的眼光和日益增長的眼界。因此，各種各樣的多媒體技術開始被應用在網頁中，用以滿足使用者在視、聽與交互方面的多元需求。其中，Flash 作品具備豐富而生動的動畫效果，小巧而適合在線傳輸，與應用的動態媒體在網頁中大行其道。同時，Flash 技術的發展還使得那些擁有大量動態元素，且互動趣味性更強的整站，創建與發布成為可能。在這個時期，網頁開始第一次正式向四大傳統媒體發起挑戰，且初戰告捷。（圖 1-4）

（五）技術與藝術並重的網頁時代

21 世紀初期，在多媒體技術盛行於網頁設計領域的同時，幾種用於製作動態交互網頁的技術也在如火如荼的發展中。動態交互頁面（DHTML）的設計與製作成為這個時期網頁設計的主角，因為這類網頁不僅實現了使用者與網頁之間真正的交互——多元交互，還便於普通使用者對於網頁的維護與管理。同時，在網頁界面設計方面，基於以 CSS 語言為代表的網頁語言蓬勃發展，使更多以前從未有的過網頁特效得以實現，極大地豐富了網頁設計的形式表現；同時，CSS 語言將網頁的視覺結構與資訊內容分而治之，簡化了網頁布局與製作的程式，也使得網頁的修改與維護更加簡捷。從此，網頁進入了技術與藝術並重的時代。

今天，行動網路時代到來，這是網路發展史上又一次的飛躍。智慧型手機、平板電腦隨處可見，充斥著社會發展與人類生活的方方面面，這一發展趨勢必然要求網頁無論是在使用功能方面，還是在視覺效果方面都能滿足行動設備的使用。慶幸的是，新興的網路技術和視覺表現原理的發展與進步，促使網頁行動客戶端和 APP 的誕生與發展，這個網路領域內的偉大進步再一次確立了網路媒體以絕對的優勢屹立於各類媒體之巔。

另外，在這個時代，優秀網頁的標準不能只是滿足人機交互的需求，還應該在此基礎上將人性化設計提升到網頁設計的首位，使網頁變得更加親和與周全，使其更好地服務於廣大使用者。

第二節 網路的入口——網頁

圖 1-2　1996 年的 Yahoo 網頁

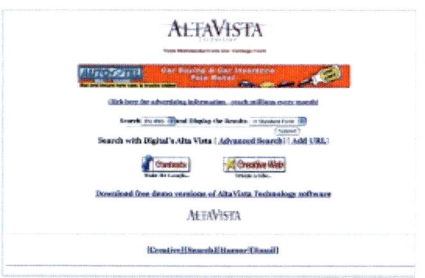

圖 1-3　1996 年的 Altavista 網頁

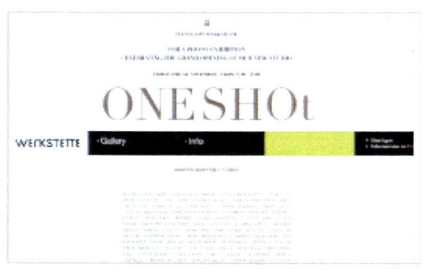

圖 1-4　20 世紀末期至 21 世紀初期的 Flash 網頁

二、網頁的特點

網頁之所以迷人，是因為它強大的功能和美麗的外觀總讓人無法割捨呢？還是因為它的包羅萬象與無所不能呢？在對網路與網頁有了一個初步的印象之後，這一切的疑問將在網頁的特點中得到一一解答。

（一）現實虛擬

21 世紀，是現實世界與虛擬世界共存的時代，資訊科技的發展改變了人類的生活方式，加快了人類的生活節奏，人們的生活也愈發依賴網路。在本書的開篇就已經指出，網路的存在形式是虛擬的，那麼基於網路的網頁也必然是以虛擬的形式存在的。然而，存在形式的虛擬絲毫沒有影響到網頁與人類、社會之間的關係，因為在當代，網頁這個虛擬平台上幾乎可以完全模仿和構建人類的現實生活，虛擬的社區、圖書館、生活助手、金融服務、3D 地圖、網路商城……諸如此類，都可以透過不同類型的網頁直接為人類提供各種現實的服務。因此，網頁是現實與虛擬的完美結合體。

（二）技術主導

毋庸置疑，網路和資訊科技是網頁存在和發展的基礎。從網頁發展史可以看出，網頁的發展是以網路和電腦技術的發展為軸心的，這是網頁與時俱進、保持與時代發展緊密性的關鍵；從 Web1.0 時代到 Web2.0 時代，再到如今的行動網路時代，從這個發展歷程我們可以看出，以數據為核心的傳統網路模式已經完全被以人為核

17

心的新型網路模式所取代，新時代網頁的特徵是服務多元化、功能人性化與操控智慧化，這是網路和資訊科技發展變革的直接表現。

（三）媒體交融

媒體交融，是網頁優於傳統媒體的一個重要特點，也是網頁成為熱點的一個主要原因。網頁的媒體交融是基於網路支持多元資訊傳播方式的技術而發展的。在網頁中，利用網路技術將多種傳播媒體整合，透過多種靜態媒體與動態媒體結合，以複合多向的傳播方式為使用者提供資訊服務，徹底顛覆了傳統媒體時代單一、單向的資訊傳播方式，提高了資訊傳播的有效性，全方位豐富了使用者的閱讀視野。

（四）多元互動

網頁，之所以有別於傳統媒體，關鍵的一點是在於它能夠實現即時的人機互動。在動態交互技術出現以前，網頁只能夠提供簡單的人機互動，即單向互動，而今天，在這個平台上我們體驗到了網頁真正的交互性——多元互動。多元互動不僅完善和發展了人機互動，更重要的是多元互動使得資訊時代人與人、人與電腦之間的互動更加豐富周全、便捷妥帖，這是多元交互最重要的特點。我們用微博和微信交流心得、暢所欲言，轉載正能量、消除負面情緒；我們在欣賞與收集，也在傳遞與分享；我們在方便自己，也在為他人提供幫助；我們以各種各樣的方式結交朋友和交流思想，我們無拘無束地徜徉在這個史無前例的網路共享時空。

（五）藝術審美

在設計藝術領域，藝術審美是除功能實用之外人們關注的第二個焦點，沒有藝術審美，網頁設計就將不再是設計藝術。當今天的網路使用者不再只是滿足於網頁強大的功能需求，而是對網頁的視覺審美與藝術表現提出了更高的要求時，我們更應該看到藝術審美對早已跨入視覺傳達藝術設計領域的網頁設計來說是多麼重要。網路與資訊科技構建了網頁強大的內在核心，視覺藝術與審美思潮賦予了網頁多樣的外觀形式，實用與審美的結合是網頁設計永恆不變的發展趨勢。所以，當一部分人還在質疑藝術審美對網頁設計的重要性，還在用短淺的目光挑剔網頁藝術審美作用，無須理會，因為事實就是最好的證明，網頁這個超級媒體將用多樣的審美意趣妝點整個網路世界。（圖 1-5、圖 1-6）

第二節 網路的入口──網頁

Indonesia's Independence Day (Indonesia)

Seven Sleepers Day (Germany)

Uruguay Independence Day (Uruguay)

Ivan Kostoylevsky's Birthday (Ukraine)

Denmark's National Day (Denmark)

Mid Autumn Festival (China, Singapore)

Mexico's Independence Day (Mexico)

Tomato Festival (Spain)

Sweden's National Day (Sweden)

Shinkansen (Japan)

China's National Day (China)

Mid Autumn Festival (Vietnam)

圖 1-5　Google 為不同國家國慶或獨立日設計的網頁 Logo

網頁設計 Web Design

Bastille Day (France)

Battle of Flowers in Laredo (Spain)

Carnival (Brazil)

Day of the Dead (Mexico)

Béla Bartók's Birthday (Hungary)

Charles Rennie Mackintosh's Birthday (UK)

圖 1-6　Google 為不同節日或紀念四設計的網頁 Logo

三、網頁的分類

　　隨著時代的不斷發展，對多元化生活方式的渴求，使得人們對網頁的需求越來越多樣精細，為滿足這種發展趨勢，更多以人為本、服務需求的創新型網站正在不斷地嶄露頭角，豐富著整個網路世界。

　　網頁，作為一種傳播媒體與服務平台的載體，有著非常廣泛的使用者群體，由於網頁所屬的網站不同、運營主體不同，所提供的服務與受眾也就大相逕庭。因此，根據網頁所包含的內容與提供的服務不同，現代網頁大致可以分為入口搜尋網頁、商務平台網頁、文化教育網頁、另類藝術網頁、娛樂網頁、個人網頁等定位明確且使用範圍較廣、沿用時間較長的網頁類別。當然，除上述類別之外，還有更多的網頁類型在不斷湧現，在數位時代我們應該與時俱進，以發展辯證的眼光看待網頁分類的變化，在以需求為導向的網頁類型變化和以藝術與技術完美結合的網頁設計發展的總趨勢中把握網頁類別的發展變化。

　　本節中，在對網頁的分類進行表述的同時也分別闡述了不同類別的網頁在設計方面的不同原則，但在具體的設計中，則應該突破固有的思維模式，用藝術的激情與技術的理性進行設計創新，用行業特徵鮮明、服務功能完善、審美表現卓越的網頁，為企業、商家和廣大使用者服務。

（一）入口搜尋網頁

　　入口搜尋網頁包括入口類網頁與搜尋引擎網頁兩大類，它們的共同特點是提供種類繁多、容量龐大、更新率高的資訊資源，同時，該類別網頁擁有極其龐大的受

眾群體，因此訪問量也是各類網頁中最高的。

1. 入口網頁

入口網頁可以說是所有網頁類別中數量最多、涉及面最廣、分類最為複雜的一類。從受眾範圍與功能需求大致可以將入口網頁分為綜合入口網頁、區域入口網頁、政府與機構入口網頁、企業入口網頁四大類型。不同的入口網頁擁有不同的受眾群體與功能特徵，需要逐一瞭解不同入口網頁的特點，歸納與分析其設計要點，對入口網頁的設計形成一個較為全面的印象。

（1）綜合入口網頁

綜合入口網頁定位明確，主要是為廣大使用者群體提供有關時事新聞、科技發展、文化教育、時尚資訊、娛樂運動等社會生活所廣泛涉及的資訊資源與需求服務。綜合入口網頁具有涵蓋面廣、包容性強、受眾群體多樣等特點，是廣大使用者關注時事、獲取資訊、接軌世界的網路入口窗口。

在綜合入口網頁的設計中，簡潔包容、秩序明確是需要把握的基本原則。首先，由於綜合入口網頁資訊量龐大，須形成一個秩序性較強的版面形式，給使用者營造良好的瀏覽與閱讀流程，促進資訊的有效傳播；其次，需根據資訊的重要性和更新率進行版面編排，形成層次關係明確的資訊欄目與瀏覽序列，通常時事新聞等重要欄目需編排在醒目的位置；另外，透過設計精良的視覺形象與色彩編排，塑造綜合入口網頁的品牌形象，既能區別於同類競爭對手，又能在使用者心目中形成恆定的品牌視覺印象。（圖1-7、圖1-8）

（2）區域入口網頁

區域入口網頁是指，以某地區或行業領域為單位的入口網頁。網頁以該地區或該領域的使用者為受眾群體，提供該城市地區或行業領域內的各項綜合服務，是樹立與傳播地區城和行業形象的重要網路入口；行業類入口網站的例子則更多見，各行各業均有其相應的入口網站，不僅為從事該行業的使用者提供與行業相關的各項服務，同時也是數位資訊時代行業形象塑造與傳播的重要平台。

網頁設計 Web Design

第一章 網路話起、印象初立

圖 1-7　www.sina.com.cn（新浪）網

圖 1-8　www.163.com（網易）

第二節 網路的入口——網頁

行業入口網頁的設計重點則是在簡潔包容的風格基礎上，突出各行業領域最顯著的特徵，透過個性獨特的網頁視覺形象，形成使用者心中篤定、明確的行業印象。（圖1-9至圖1-11）

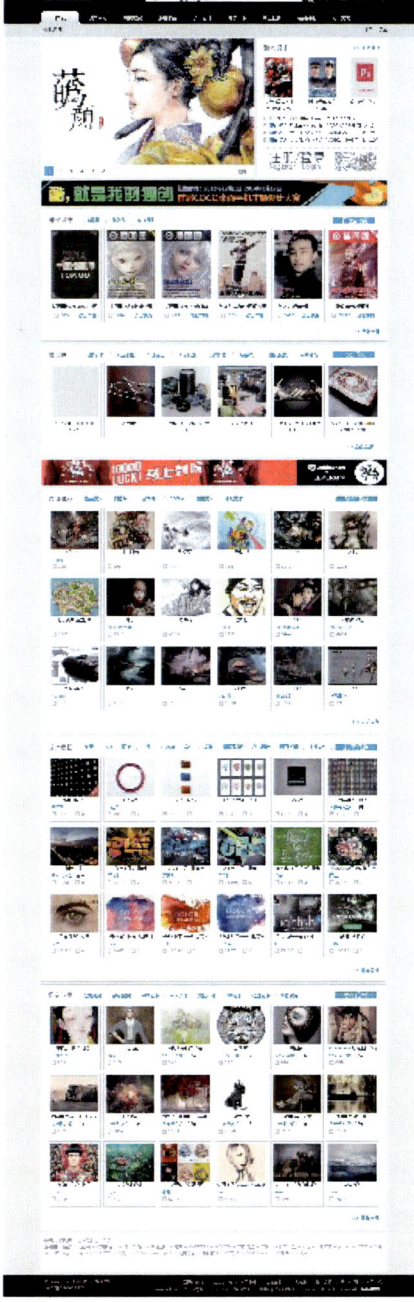

圖1-9　www.sino-i.com（中國數碼）　　圖1-10　www.chahuaquan.com（插畫網）

網頁設計 Web Design

第一章 網路話起、印象初立

圖 1-11　www.arting365.com（中國藝術設計聯盟）

(3) 政府與機構入口網頁

　　政府與機構入口網頁是政府與機構提供各種政務及相關服務、與人民群眾進行交流的平台與途徑，也是政府與機構形像在網路平台上的直接體現。因此，政府與機構的入口網頁要注重各項功能的齊全與完善，其中主要包括簡訊和電子郵件服務的及時性和全面性，互動功能的可控性與即時性等。此外，在該類網頁的設計中，無論是頁面的版式結構還是色彩體系，均應摒棄多餘的裝飾與表現，塑造符合政府與機構相關特徵的簡明扼要、秩序井然的頁面風格，力求傳達政府與機構嚴肅認真、莊嚴大氣、效率一流的形象風貌。（圖 1-12 至圖 1-19）（圖 1-12 至圖 1-19）

圖 1-12　France.fr-le site officiel de la France(法國政府網站)

圖 1-13　Bundesregierung-Startseite(德國政府網站)

網頁設計 Web Design

第一章 網路話起、印象初立

圖 1-14　La Moncloa. Home(西班牙政府網站)

圖 1-15　WTO(世界貿易組織網站)

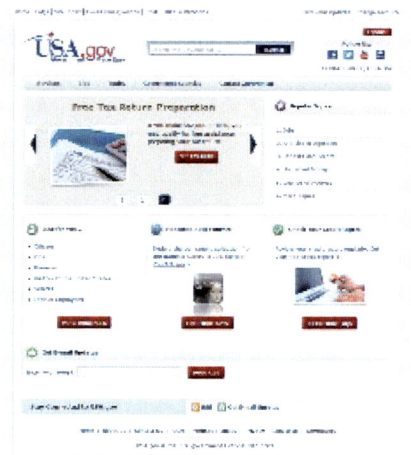

圖 1-16　The U.S. Government's Official Web Portal(美國政府網站)

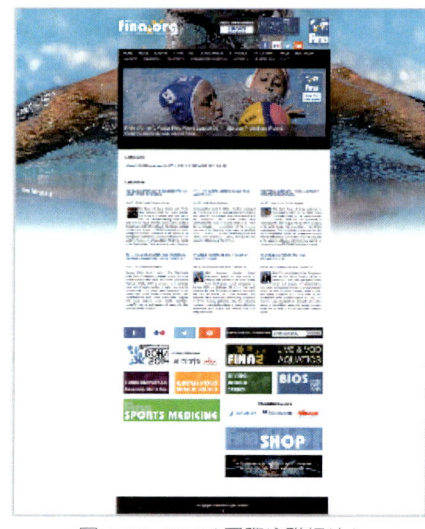

圖 1-17　FINA(國際泳聯網站)

26

第二節 網路的入口——網頁

圖 1-18　國際奧委會官方網站

圖 1-19　World Bank Group(世界銀行網站)

(4) 企業入口網頁

網路資訊時代，企業入口網頁的建立對於企業發展的重要性不言而喻。企業入口網頁不僅是企業形象傳播與品牌塑造的重要窗口，還是企業資訊傳遞與網路行銷的重要途徑，因此亦可稱之為企業官網。

由於企業入口網頁是企業形象傳播、品牌塑造、權威發布的唯一網路媒體平台，要求具備承載資訊量大、訪問速度快、功能多元、互動便捷、安全智慧等特點，因此，完善雄厚的網路技術後台、多元便捷的功能設置是企業入口網頁的核心。同時，在頁面設計方面，首先網頁的風格定位與氣質基調應該符合企業的行業特徵，突出企業入口網官方、權威的特點。其次，在設計中要注重企業經營理念與服務理念的傳達，以企業視覺識別系統為核心，強化網頁形象與企業形象的統一。例如，須使用企業標準色作為網頁主色調，利用色彩的傳播力與感染力強化使用者的視覺與心理印象。再次，在企業入口網中關於產品展示的網頁，還應該強化網頁的搜尋功能與資訊的更新速度，在設計方面則應該與網站首頁形成統一與變化的關係。

總體來說，企業入口網頁應該滿足獨特的風格氣質表現、愉悅的頁面設計編排、有序的產品資訊傳遞、多元的服務功能設置等多方面的需求。遺憾的是，目前中國企業入口網頁的整體設計欠佳，技術滯後，遠遠落後於時代與經濟發展的節奏，主因是，企業決策者不夠了解網頁對企業發展的重要。因此，提升中國企業入口網頁的水準是中國企業家與設計師共同的使命，

也是增強企業競爭力、塑造企業新形象的重要途徑。（圖 1-20 至圖 1-23）

圖 1-20 百勝餐飲集團企業門戶網與旗下 KFC、Pizza Hut、Taco Bell 產品網頁

第二節 網路的入口——網頁

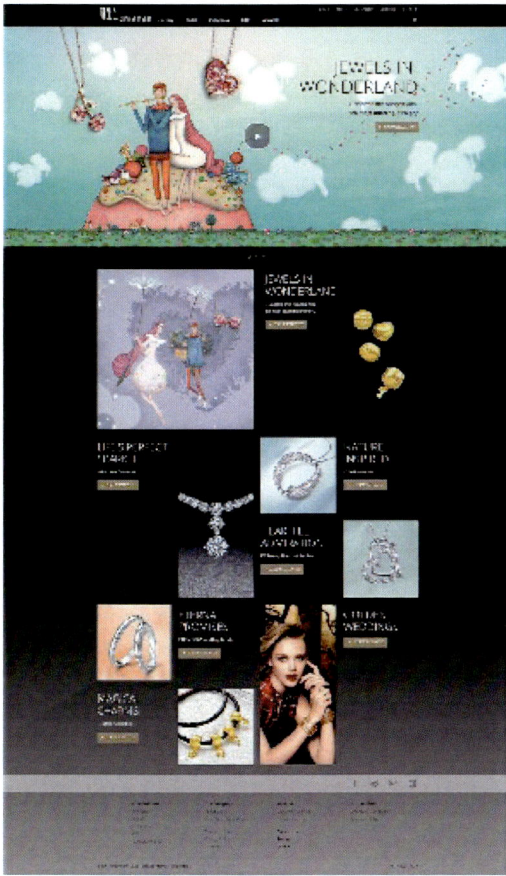

圖 1-21　周生生集團門戶網頁與產品網頁

圖 1-22　蘋果公司門戶網頁與 iPhone、iPad 產品網頁

圖 1-23　愛茉莉太平洋集團門戶網頁與旗下夢妝品牌門戶網頁及產品網頁

2. 搜尋引擎網頁

搜尋引擎是指根據一定的策略、運用特定的電腦程式從網路上蒐集資訊，在對資訊進行組織和處理後，為使用者提供檢索服務，將使用者檢索相關的資訊展示給使用者的系統。從該解釋我們可以看出，搜尋引擎網頁的本質與核心是為使用者提供資訊搜尋與服務獲取的網頁形式。搜尋引擎根據其搜尋方式與結果的不同，分為全文搜尋引擎、目錄搜尋引擎、元搜尋引擎、垂直搜尋引擎、集合式搜尋引擎、入口搜尋引擎與免費連結列表等。目前，Google 與百度是著名的全文搜尋引擎，微軟 MSN、美國在線（AOL）是入口搜尋引擎的代表；Look Smart、About、雅虎屬於目錄搜尋引擎中的翹楚。另外，常有搜尋引擎在設計上，與其入口網頁安排在同一頁面，如 AOL、About、雅虎等，便於使用者查找與瀏覽最新資訊。（圖 1-24 至圖 1-33）

搜尋引擎網頁的設計必須以使用功能為核心，因此首頁通常採用並列結構連結，將搜尋引擎搜尋的資訊類型以並列、速查的方式呈現於頁面。同時，獨特新穎、易於記憶的標誌形象設計至關重要，它不僅是整個網頁的視覺精髓，還是以獨特簡潔為特徵的搜尋引擎界面的視覺中心點，更是提高網頁關注率和訪問率的關鍵。其次，搜尋引擎的頁面設計要求獨特簡潔、統一完整，因此，簡潔的欄目圖標設計、獨特的主題形象創意與色彩運用，均是彰顯其品牌形象與服務特徵的有效手段。

圖 1-24　AOL（美）──入口搜索引擎

圖1-25 微軟的搜尋引擎「Bing」（美）──入口搜索引擎

圖1-26 Dogpile(美)──整合式搜索引擎

圖1-28 Sputtr(英)──整合式搜索引擎

圖1-27 Infospace(美)──整合式搜索引擎

圖1-29 ANZWERS(澳洲)──垂直搜索引擎

第二節 網路的入口──網頁

圖 1-30　FindIcons(美)──垂直搜索引擎(全球最大的圖標搜尋引擎)

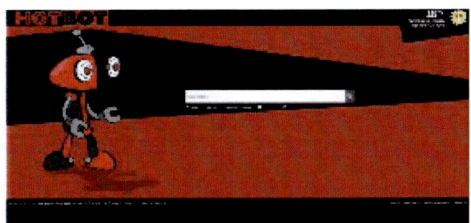

圖 1-31　HOTBOT(美)──集合式搜索引擎(以獨特界面和更新速度快著稱)

圖 1-32　LookSmart(美)─目錄搜索引擎

圖 1-33　About(美)──目錄搜索引擎

33

（二）商務平台網頁

網路資訊時代，網路商務（Web Commerce）在經濟形式結構中佔有極大的比重，是推動經濟發展的重要力量。網路商務從最初的簡單電子郵件形式開始，幾經發展，到成為一種完善成熟的，以多元互動和人性關懷為出發點的新型網路商業模式，離不開各種商務平台網頁、支付平台系統與移動商務軟體的專業化發展。

網路商務是以網路為平台，實現網路購物、網上交易與在線支付的各種商務活動、交易活動、行銷活動、金融活動和相關經濟綜合服務活動的一種新型商業運營模式，該模式極大地提高了整個經濟活動各環節的效率，推動了現代經濟的發展與完善。歸結而言，網路商務的行業特徵是實現各種商業交易與活動的網路化、電子化和數位化。首先，功能強大的站內搜尋功能、明確清晰的導航結構策劃、編排有序的網頁版面構成是商務平台網頁設計的核心所在。其次，在頁面的設計中還需要結合不同的電子商務品牌與服務類別，運用藝術設計的語言和手段進行大膽創新，設計出既滿足時代與消費者需求，又具備時尚、個性與藝術審美的商務平台網頁。另外，由於網路交易的虛擬性，交易誠信與人性關懷的彰顯是該類型網頁中應該予以表現的一個重要特徵。因此，明確肯定的品牌形象傳播、清楚有序的商品圖片展示、智慧便捷的界面導航設計與和諧舒適的色彩編排表現，均是增加商務平台網頁誠信與關懷的重要手段。（圖 1-34 至圖 1-43）

圖 1-34　天貓——大型綜合商務網購平台

第二節 網路的入口──網頁

圖 1-36　www.zenhank.com ──韓國家居生活用品商務購物平台

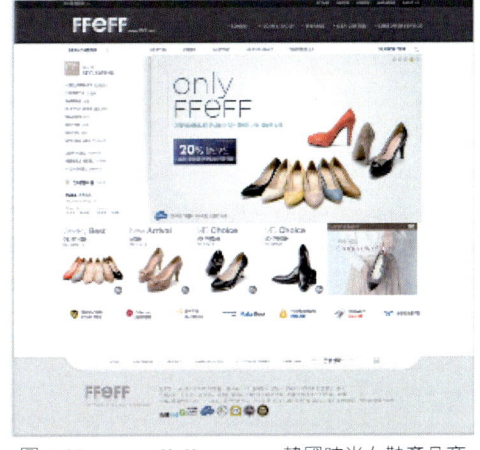

圖 1-37　www.ffeff.com ──韓國時尚女鞋產品商務網購平台

圖 1-35　東京──大型綜合商務網購平台

網頁設計 Web Design

第一章 網路話起、印象初立

圖 1-38 山姆會員線上商城──沃爾瑪旗下零售商務網購平台

圖 1-39 Sony 線上商城──品牌數碼產品商務網購平台

第二節 網路的入口——網頁

圖 1-40　Benefit 線上商城——品牌化妝品商務網購平台

圖 1-43　財富通——第三方支付平台

（三）文化教育網頁

21 世紀，文化教育產業進入高速發展時期，傳播的重要性在產業的發展中愈發彰顯，網頁平台成為文化機構、教育機構資訊傳遞與品牌塑造的重要手段。

首先，在以博物館、圖書館為首的文化機構的網頁設計中，文化氛圍與行業特徵的營造是網頁設計的核心所在。因此，象徵、比喻是該類網頁設計中常用的表現手法，利用文化中具有典型象徵意義和代表性的事物或符號，作創意表現。例如，羅浮宮網頁使用貝聿銘設計的玻璃金字塔照片作為網頁背景，在頁面中形成對比與統一的視覺美感，不僅彰顯羅浮宮博物館的恢宏與莊嚴，更是其精神與文化傳達的重要形式表現。

其次，在教育機構網頁的設計中，應該注重教育資訊和行業資訊的傳達與更新，以及服務於教育的各項功能的設置；在頁面表現方面除了文化氛圍與教育行業特徵的體現外，還應該定位不同的風格形式，運用適合的設計語言與色彩體系表現

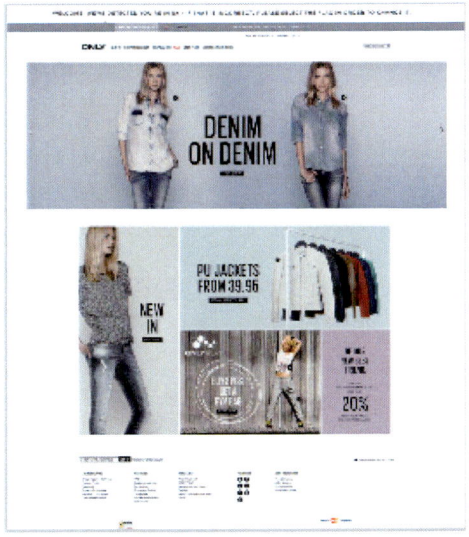

圖 1-41　ONLY 線上商城——品牌服飾商務網購平台

圖 1-42　支付寶——第三方商務支付平台

37

網頁設計 Web Design

不同層次和不同領域教育的特點,給使用者傳遞誠信可靠、規範有序的教育品牌印象。
(圖 1-44 至圖 1-61)

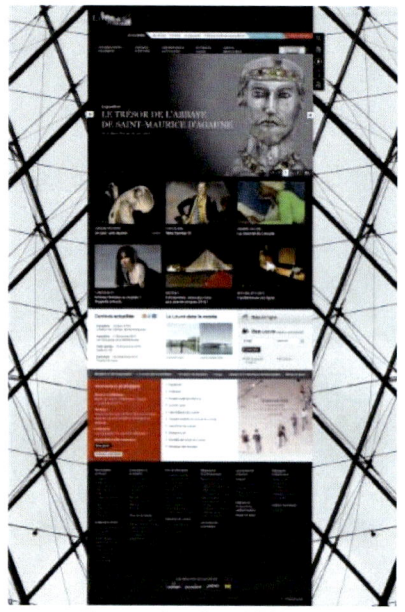

圖 1-44 法國巴黎羅浮宮博物館——文化類網站

圖 1-46 西班牙普拉多博物館——文化類網站

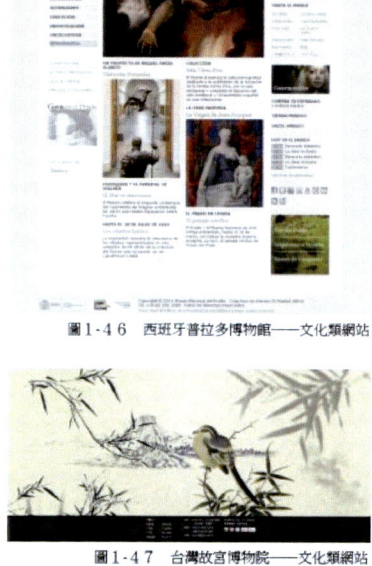

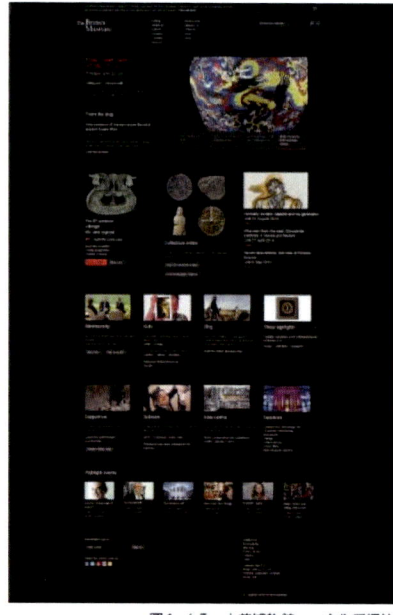

圖 1-47 台灣故宮博物院——文化類網站

圖 1-45 大英博物館——文化類網站

圖 1-46 美國紐約大都會博物館——文化類網站

第二節 網路的入口——網頁

圖1-51 美國國家醫學圖書館——文化類網頁

圖1-49 法國國家圖書館——文化類網站

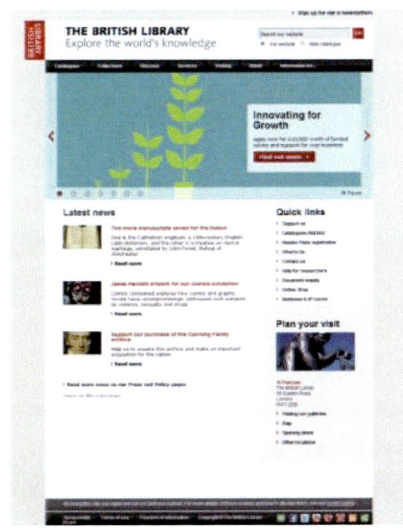

圖1-50 英國國家圖書館——文化類網站

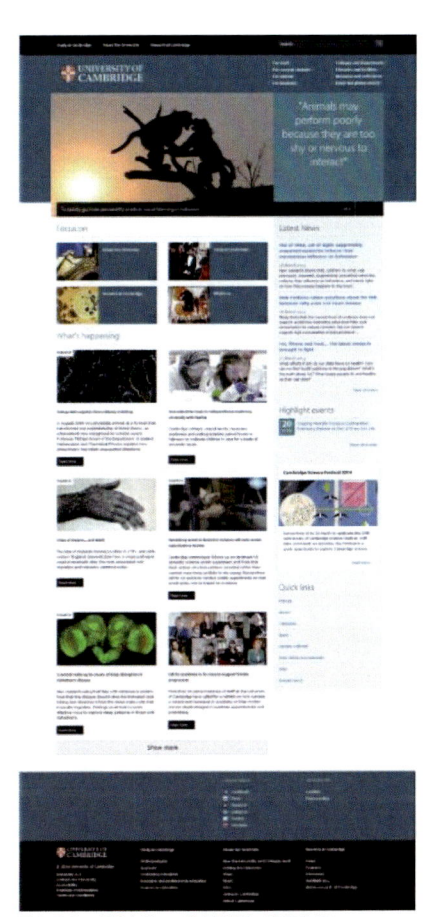

圖1-52 劍橋大學——教育類網站（高等教育）

網頁設計 Web Design

第一章 網路話起、印象初立

圖1-53 賓夕法尼亞大學——教育類網頁（高等教育）

圖1-57 美吉姆早教中心——教育類網頁（早期教育）

圖1-54 耶魯大學——教育類網頁（高等教育）

圖1-58 愛育幼童早教中心——教育類網頁（早期教育）

圖1-55 復旦大學附屬中學——教育類網頁（基礎教育）

圖1-59 學而思培優——教育類網頁（專項教育）

圖1-56 北京四中——教育類網頁（基礎教育）

圖1-60 美拓藝術與設計培訓中心——教育類網站（專項教育）

40

第二節 網路的入口——網頁

（四）另類藝術網頁

藝術，特別是視覺藝術，其本質在於表達與眾不同的形式與情感，突出個性與大眾審美的統一。在當代，藝術類別與形式的多元、創造與表現手法的變革、傳播與接受方式的進步，使得藝術類網頁的設計需要有更高的標準，以便在今天琳瑯滿目的網頁領域中體現藝術類網頁的另類之美。各類設計公司、藝術群體、藝術館的網頁均是另類藝術網頁的代表。

另類藝術網頁的設計，關鍵在於表達藝術主題異於其他主題的獨特形式和另類氣質。在設計中，首先要把握各藝術形式的特徵，展現在不同時代與文化意識形態下藝術形式的不同個性，以體現藝術網頁作為藝術傳播的窗口與載體的重要作用。其次，應充分利用不同藝術形式所具備的形態語言進行藝術創新，設計出自出機杼、卓爾不群，具有另類藝術氛圍與前衛藝術理念的網頁傳播平台。（圖1-62至圖1-67）

圖 1-61　英孚英語教育——教育類網站（專項教育）

圖 1-62　www.beksinski.pi——另類藝術網頁

圖 1-63　ww.musee-rodin.fr(法國羅丹美術館)──另類藝術網頁

圖 1-64　lucuma.com.ar──另類藝術網頁

第二節 網路的入口──網頁

圖 1-65　stripes-design.pl ──另類藝術網頁

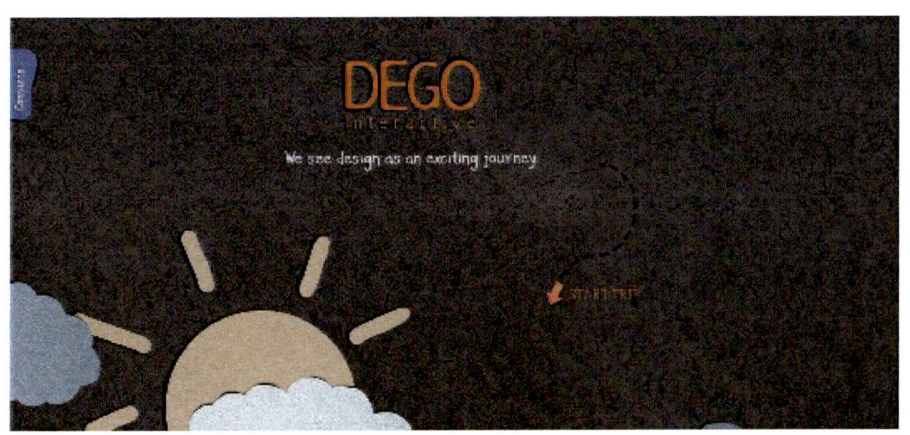

圖 1-66　設計旅程──另類藝術網頁

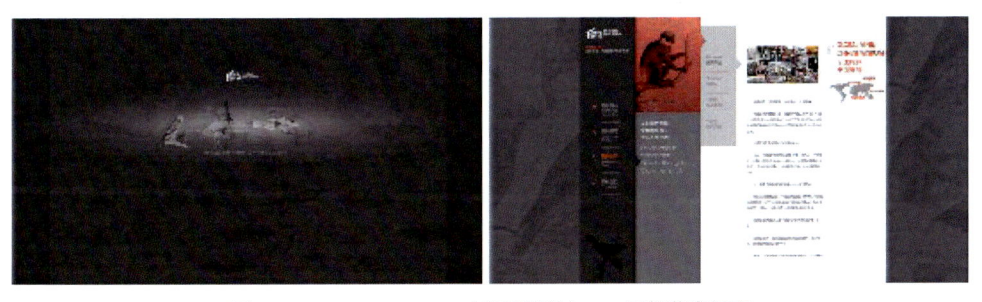

圖 1-67　www.meikao.com（梅高設計）──另類藝術網頁

(五) 娛樂網頁

資訊時代，娛樂多樣化和網路化已經成為娛樂行業的一個重要特徵。根據當代比較主流的娛樂形式，可以將娛樂網頁劃分為：影視網頁、音樂網頁、遊戲網頁與動漫網頁，它們除了擔負引導人們在繁重的工作之餘娛樂遊戲和休閒放鬆的重要功能外，還是娛樂項目與行業的重要宣傳窗口。

1. 影視網頁

在當代，服務需求的趨勢使得影視網頁的分類愈發細化，根據其功能不同可以分為：介紹、推廣影視劇的影視宣傳網頁；提供影視劇在線觀看與下載的影視平台網頁，如愛奇藝、馬鈴薯網等；提供各類影評、新片預告、經典賞析、電影資訊與交流社區等多元功能的影評交流網頁，如豆瓣等。在具體的設計中，影視宣傳網頁通常選用電影海報的相關素材與主角人物進行創意表現，這種設計形式應追求豐富的藝術與視覺表現力，增強網頁的氛圍，營造給使用者帶來的感染力。同時，應注重網頁風格與電影風格的呼應，強化影視劇對使用者的誘導作用。其次，在影視平台類網頁與影評交流網頁的設計中，則應該突出網頁作為資源平台與交流平台的功能，用輕鬆趣味、包容簡潔的設計風格凸顯與襯托影視的多元印象之美和平台的親民之風。（圖1-68至圖1-76）

圖1-68 《消失的子彈》——電影宣傳網頁

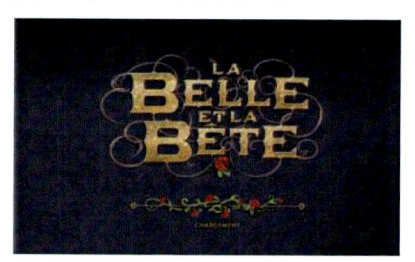

圖1-71 《美女與野獸》——電影宣傳網頁

圖1-69 《101次求婚》——電影宣傳網頁

圖1-72 《哈比人》——電影宣傳網頁

圖1-70 《白蛇傳說》——電影宣傳網頁

圖1-73 《變形金剛4》——電影宣傳網頁

第二節 網路的入口——網頁

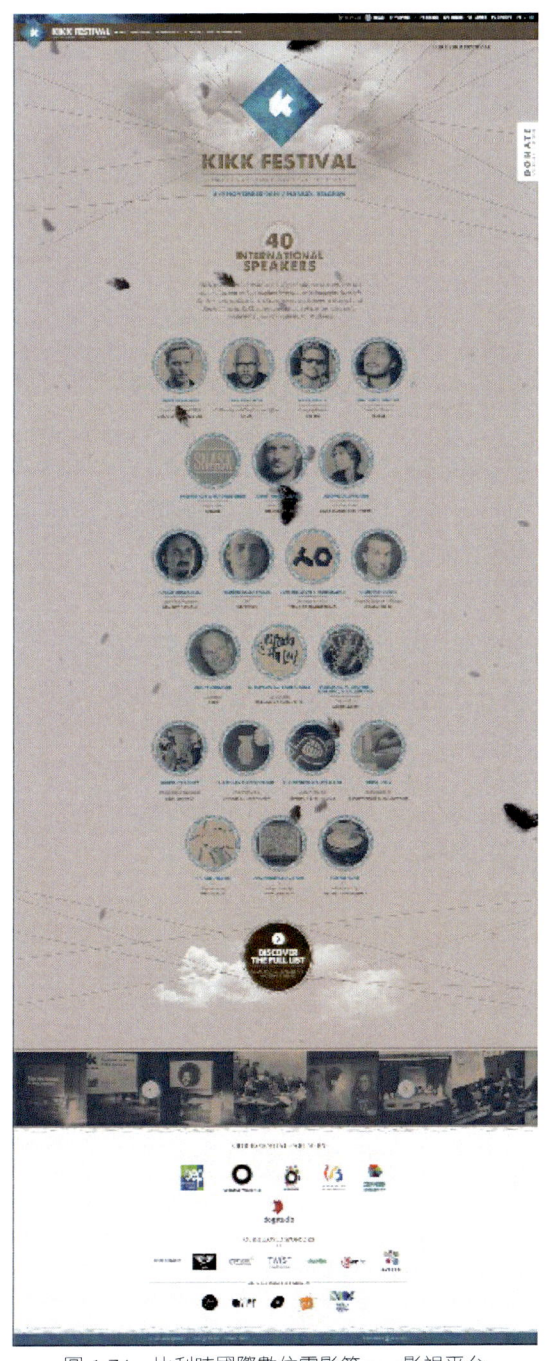

圖 1-74　比利時國際數位電影節——影視平台

網頁設計 Web Design

第一章 網路話起、印象初立

圖 1-75　土豆網──影視平台　　　圖 1-76　時光網──影評網頁

第二節 網路的入口——網頁

2. 音樂網頁

娛樂網頁中的第二大類別音樂網頁，主要指區別於藝術音樂與傳統音樂，給人們提供以音樂為娛樂形式的現代流行音樂網頁。在該類網頁的設計中，音樂的風格與調性主宰著其網頁的風格形式，如藍調、搖滾、爵士、金屬樂、電子音樂、鄉村音樂、拉丁音樂、輕音樂、現代民歌等，都是屬於現代流行音樂的範疇。首先，現代流行音樂由於形式的多樣與受眾的廣泛，其網頁形式應該把握現代、前衛的總體風格與設計脈絡。其次，各類音樂素材是網頁設計中具有典型意義的創意表現元素，如樂器、音樂符號、音樂設備等，透過使用天馬行空、無拘無束的創意表現，來表達與強化音樂的視覺感染力，使網頁的風格與音樂的調性完美契合，構建起音樂聽覺傳遞與網頁視覺表現之間溝通的橋樑。（圖 1-77 至圖 1-83）

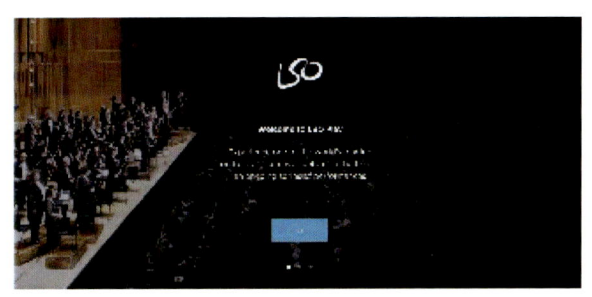

圖 1-77　play.lso.co.uk——音樂網頁

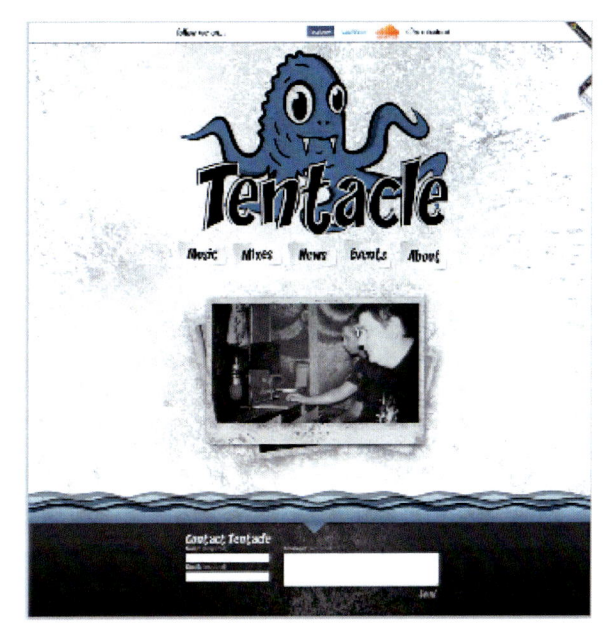

圖 1-78　www.tentacletunes.com——音樂網頁

圖 1-79　www.djdhanai.com——音樂網頁

網頁設計 Web Design

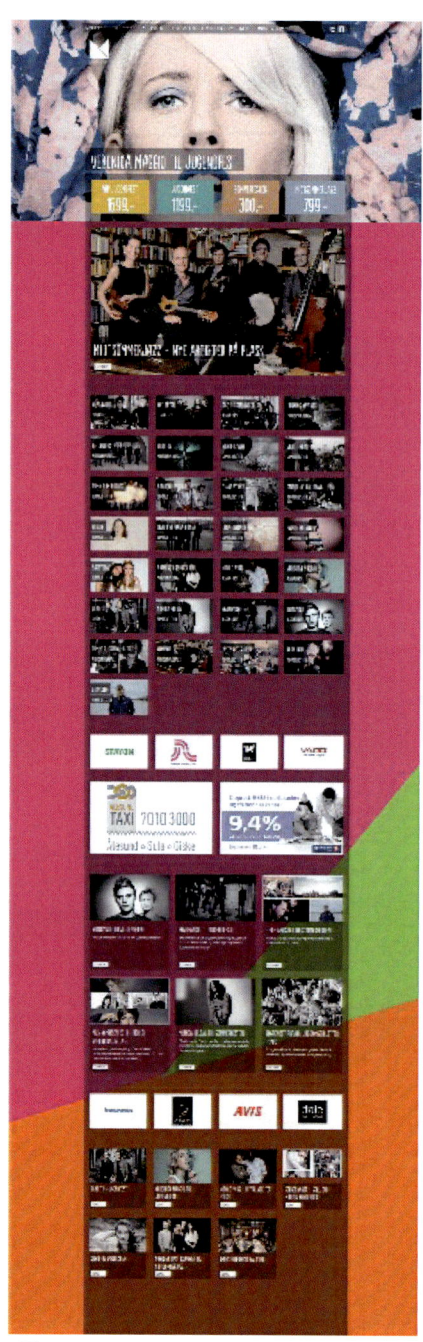

第一章 網路話起、印象初立

圖 1-80　www.momentium.no ── 音樂網頁

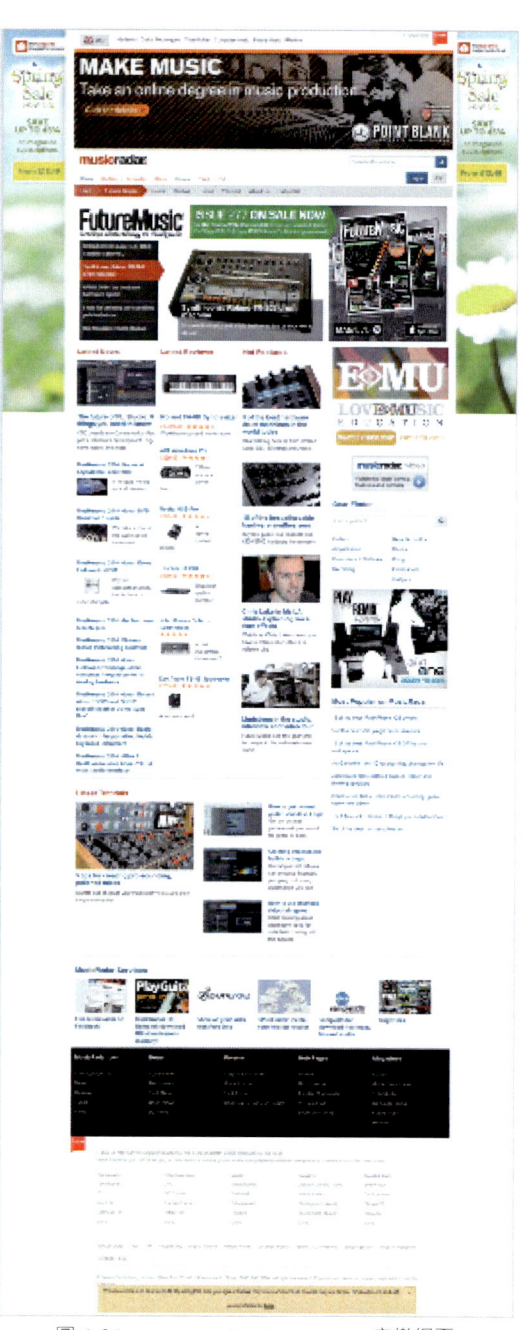

圖 1-81　www.musicradar.com ── 音樂網頁

第二節 網路的入口——網頁

圖 1-82　intromusicque.ca ——音樂網頁

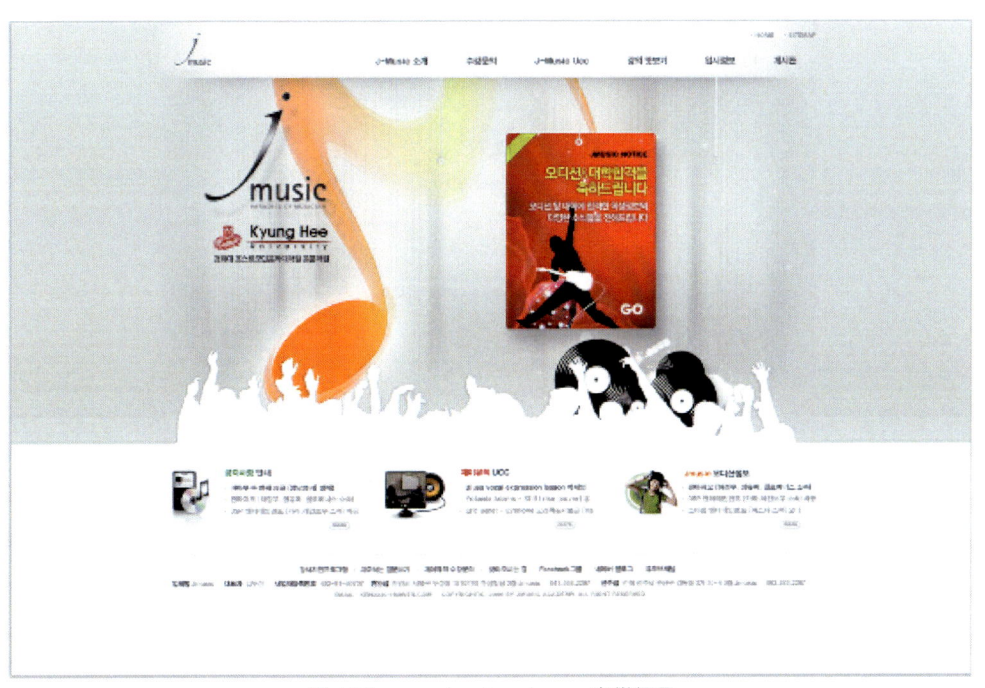

圖 1-83　www.jmusic.co.kr ——音樂網頁

3. 遊戲網頁

遊戲是一種必須有主體參與的、能夠直接獲得快感的活動。玩家在遊戲的過程中透過不同的刺激方式和刺激程度所產生的動作、語言、表情等變化來獲得快感。

遊戲網頁存在的目的在於提供遊戲指南、遊戲下載、遊戲資訊、遊戲服務等相關功能，以吸引更多的人參與到遊戲之中，因此注重網頁所帶來刺激性與誘惑性，是遊戲網頁設計的首要任務。在具體的設計中，多採用遊戲界面與相關角色作為主要設計元素，同時兼顧遊戲受眾群體的審美需求，運用誇張、強調的表現手法，設計出超脫現實與別出心裁的遊戲網頁，給使用者創造身臨其境的形象誘導，使其形成對遊戲的初步印象與體驗，促使使用者迅速參與到遊戲之中。（圖1-84至圖1-90）

圖 1-86　www.colibrigames.com──遊戲官方網頁

圖 1-87　www.animaljam.com──遊戲官方網頁

圖 1-84　www.habbo.com──遊戲官方網頁

圖 1-88　www.chimpoo.com──遊戲官方網頁

圖 1-89　www.livly.com──遊戲官方網頁

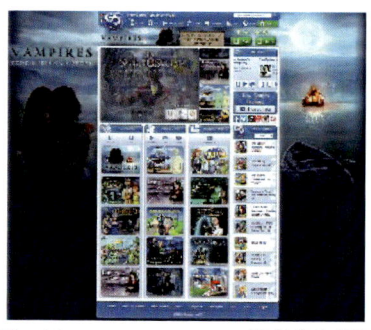

圖 1-85　www.g5e.com──遊戲官方網頁

第二節 網路的入口──網頁

圖 1-90　www.loadout.com ──遊戲官方網頁

網頁設計 Web Design

4. 動漫網頁在當代，動畫（animation）和漫畫（comics, manga），特別是故事性漫畫之間聯繫日趨緊密，兩者通常被合稱為「動漫」。動漫是一門創造性的幻想藝術，它能夠把現實中的不可能變成可能，創造出超越現實、奇幻唯美的虛擬世界，是人類永恆不變追求美的一種精神意境展現。動漫卡通網頁，是隨著當代動漫產業迅猛發展，而出現的一種新興的網頁類型，動漫產業的興衰決定著動漫卡通網頁的存在與發展。

今天，以美國和日本為首的世界動漫卡通產業正處於發展的黃金時期，無論是在創意表現還是技術製作方面均達到相當的高度。因此，當代動漫卡通的類別大致分為以日本動漫為代表的，以劇情手繪見長的二維平面風格，和以美國動畫為代表的，以CG技術為核心的三維立體風格兩大類，動漫卡通類網頁的風格定位與設計製作將以所屬動漫類型為導向，以美的創造為目的，以傳遞快樂與分享感動為使命。因此，無窮的想像力和創造力是動漫卡通網頁設計中永不枯竭的創意源泉，精緻、唯美與個性將是動漫卡通網頁設計永恆不變的追求。（圖1-91至圖1-97）

圖 1-92　www.whoawee.com ——動漫網頁

圖 1-93　www.ghibli.jp ——動漫網頁

圖 1-94　fun.jr.naver.com/princess ——動漫網頁

圖 1-91　www.pixar.com ——動漫網頁

圖 1-95　www.profedota.ru ——動漫網頁

第二節 網路的入口——網頁

（六）個人網頁

個人網頁是網路資訊時代人與人之間溝通和交流的一種潮流和時尚。簡單地說，個人網頁是指由個人或單個團體創建和管理，因某種興趣，或擁有某種專業技術、能夠提供某種服務，或為了表達一些個人觀點，或為了展示銷售自己的作品、產品等而設計製作的具有獨立空間域名的網頁類型。

個人網頁一定是以個人的資訊與觀點傳遞為核心。因此，個人網頁設計製作的關鍵是：首先，要明確三個設計要點，即明確的方向定位、特定的內容組成與精準的使用者聚焦。其次，網頁的風格氣質與創建者的形象個性是息息相關的，個性地融入使個人網頁顯得更加匠心獨具。因此，個人網頁的風格形式是內斂含蓄的，或是熱情活潑的；是溫柔細膩的，或是豪邁粗放的；是前衛時尚的，或是復古傳統的；是幽默隨性的，或是慮周藻密的；是清新雋永的，或是濃墨重彩的……再次，在個人網頁的設計中，最容易對使用者形成印象的是網頁主題形象，其設計至關重要，體現個人風格特徵的照片形象與象徵圖形，是創建網頁主題形象不可或缺的要素，這一點在明星的個人網頁設計中更加凸顯。另外，在設計中不要拘泥於已有的設計形式，應該結合網頁的性質與風格，在網頁的形式編排、色彩搭配與符號語言等方面大膽創新，設計出獨一無二、彰顯個性的個人網頁入口窗口。（圖1-98至圖1-105）

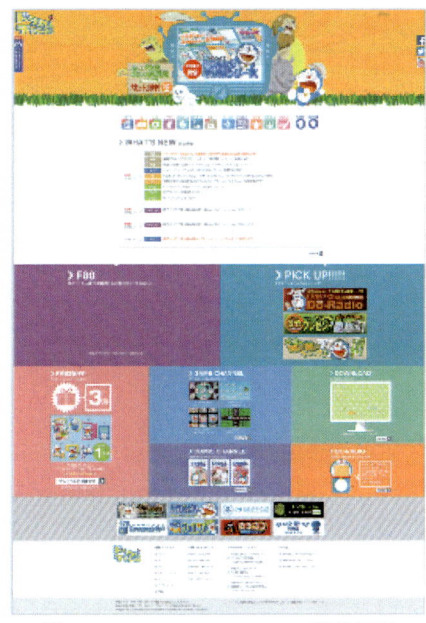

圖1-96　dora-world.com——動漫網頁

圖1-97　www.iceagemovies.com——動漫網頁

圖1-98　www.willsmith.com——明星個人網頁

網頁設計 Web Design

第一章 網路話起、印象初立

圖1-99 parkboyoung.kr——明星個人網站

圖1-100 www.alessiamarcuzzi.com——明星個人網站

圖1-101 www.julia-music.ru——明星個人網站

圖1-102 www.audreyhepbum.com——明星個人網站

第二節 網路的入口——網頁

圖 1-103　www.rung9.com——個人網頁

圖 1-104　www.uglysoul.com——個人網頁

圖 1-105　新圖騰（于寶原創設計）——個人網頁

55

（七）結語

時代在進步，社會在前進，沒有任何事物是永恆不變的，因此網頁的類型也無法用絕對、標準一類的詞語來概括形容。有的網頁類型隨著社會的進步與需求的改變逐漸淡出人們的視野，更多的網頁類型則因為以人為本、服務需求的網頁發展趨勢而誕生，有的已經成功並實現商業運行，有的仍處於探索階段。但不管怎樣，網頁類型的變化已然形成承上啟下、前赴後繼的發展態勢，這種發展態勢令人歡欣鼓舞。同時，我們還應該看到不同類別的網頁之間錯綜複雜、千絲萬縷的聯繫，因此在網頁的分類中切不可一概而論，應該結合實際情況進行劃分。例如，不少針對兒童群體所設計的網頁，將兒童作為一種特殊的網頁受眾群體進行歸類，可以將這一類別的網頁分為生產與銷售兒童用品的企業入口和產品網頁、為兒童成長和教育提供相關服務的各類機構網頁兩大類。網頁設計中則需要把握兒童的天真可愛、活潑純真，這是兒童父母輩心中揮之不盡、抹之不去的心理情節。運用可愛爛漫的藝術風格、活潑簡潔的視覺元素、明亮單純的色彩搭配等設計手段進行網頁設計。再比如對上面所提到的音樂網頁的劃分，從其功能和服務群體來看，流行音樂網頁因其性質與功能以及廣泛的受眾群體，而被劃分到了娛樂類網頁中，而傳統音樂和專業音樂由於其專業性、學術性與藝術性則應該被劃分到藝術類網頁的範疇之中，分類的不同也就決定了網頁的設計方向與形式表述的相異。有鑑於此，本書無法將所有的網頁都分門別類地呈現給大家，只希望能拋磚引玉，翹首以待更多關於網頁分類的新觀點、新理論得以出現，為網頁設計藝術的發展添磚加瓦。

第二節 網路的入口──網頁

第二章 技術探究、媒體鑑識

第二節 網路的入口──網頁

　　數位資訊時代，一個飛速發展的時代，一個充滿了無窮變化的時代。我們可能無法看到，卻隨時能夠感受到的，以數位資訊科技發展為導向的時代，幾乎所有的事物都改變了以往的發展軌跡，以一種全新的形式和速度蓬勃前進、發展創新……

　　無論是那靜態的唯美，還是那變化的瞬間，也許是那令人目不暇接的閃爍，或是那恬淡安靜的落幕……都離不開幕後默默無聞的網頁技術力量。支撐網頁強大功能的技術力量我們無須再提，我們需要強調的是，利用不斷發展進步的網頁技術，更好地服務網頁的藝術創意與表現，為網頁設計開拓更為廣闊的發展空間。可以看到，自網頁誕生以來，網頁技術的發展使得很多的不可能變為了可能，網頁的發展史其實就是網頁技術的進步史。

　　因此，在明確了網頁技術的特點之後，為了實現優化網頁設計的目的，拿起分析和記憶的利器，一起探究與鑑識網頁的技術與媒體，儲備專業且現代化的技術與理念，這是網頁設計的關鍵。

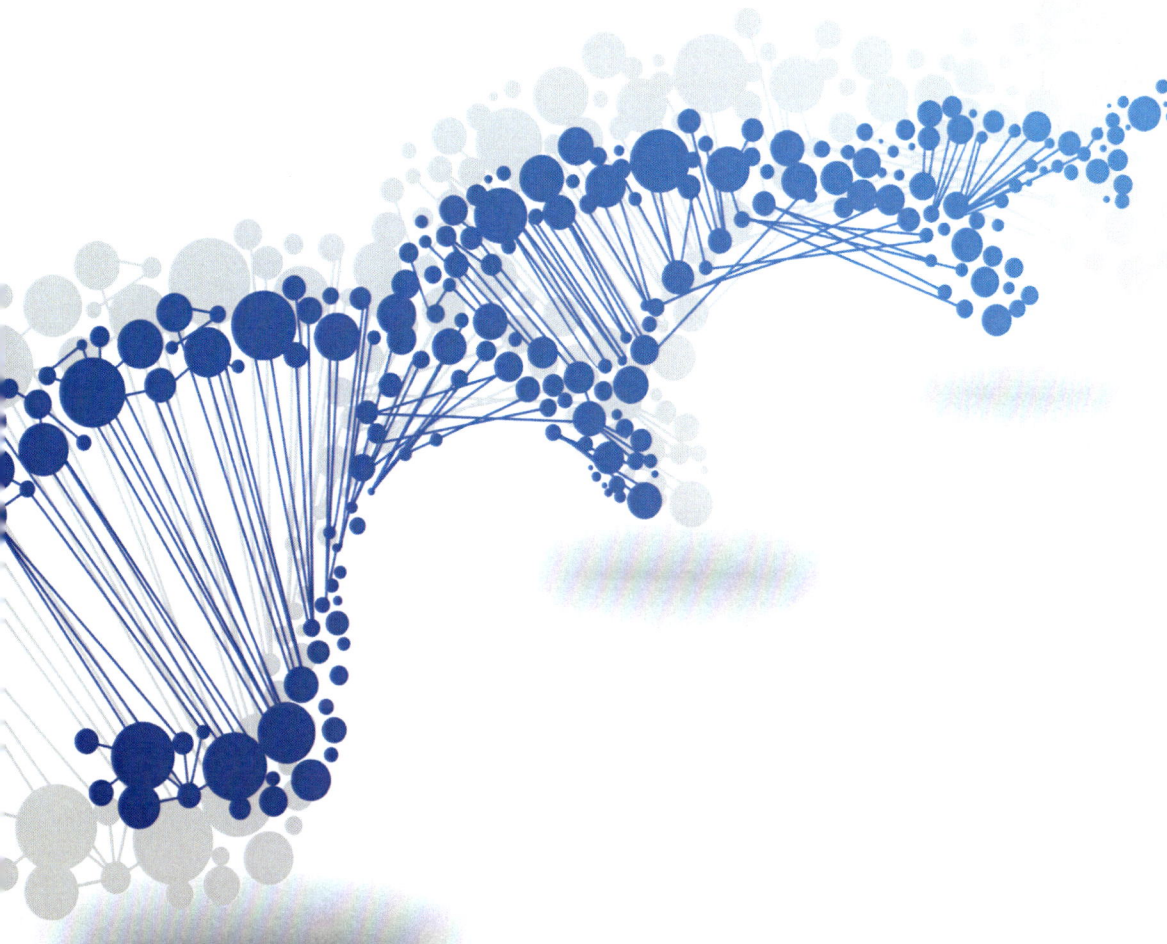

第一節 技術識別──網頁設計的基礎

網頁技術的瞭解與掌握，是學習網頁設計的基礎。本書將網頁設計的相關技術分成如下四大類別：網頁語言、網頁連結、網站域名與網路協議。希望能對讀者學習網頁技術有所幫助。

一、網頁語言

識別常用的網頁語言並瞭解其格式特性、運行原理與承續交叉關係，是網頁設計與製作的基礎和前提條件。

（一）HTML

HTML 是 Hyper Text Markup Language 的縮寫，意為超文本標記語言，是為網頁的創建與其他得在網頁瀏覽器中看到的資訊，所設計的一種標記語言。所謂超文本，是指它可以加入圖片、聲音、動畫、影片等多媒體內容，並可以透過超連結進行文檔間的跳躍式閱讀，與世界各地主機的文件相連接的文件格式。HTML 同時還是一種規範和標準，它透過標記符號標記網頁的各部分，並經由瀏覽器解析來顯示網頁內容，因此 HTML 也是網路的編程基礎。需要注意的是，不同的瀏覽器對於 HTML 的同一標記符號可能會有不完全相同的解釋，因而會產生不盡相同的顯示效果。簡而言之，網頁的本質就是 HTML，透過結合使用其他的 Web 技術，可以創建出功能強大的網頁。目前，最為流行的是 HTML5，是用於取代 1999 年所制定的 HTML4.01 和 XHTML1.0 的 HTML 標準版本，被大部分瀏覽器所支持。

另外，HTML 具有製作簡易、平台兼容與瀏覽通用三個特點，這正是 HTML 盛行於網路的原因。

（二）CSS

CSS，一種用來表現 HTML 或 XML 等網頁文件樣式的電腦語言，中文名稱為「級聯樣式表」，目前最新版本為 CSS3，是一種能夠真正做到網頁表現與內容分離的樣式設計語言。CSS 語言最早發布於 1996 年，是一項得到 W3C 推薦的網頁樣式語言標準。相對傳統 HTML 對網頁樣式的表現機制，CSS 能夠對網頁中對象的位置與編排進行像素級的精確控制，同時擁有對網頁對象和模型樣式編輯的能力，並能夠進行初步交互設計，是目前網頁設計領域最優秀的樣式設計語言。

CSS 語言的應用，精簡了以往網頁製作過程中的多餘代碼，降低了網頁修改與維護的難度。同時，頁面代碼的減少提升了網頁的訪問速度，增加了與搜尋引擎的友好程度，更加有利於網頁在網路上的搜尋。另外，在網頁布局方面，相對於傳統網頁的表格布局，CSS+DIV 布局可能會導致一些瀏覽器的不兼容，可以嘗試多樣化的瀏覽器測試或其他辦法來解決。

（三）Java Script

Java Script 是一種基於對象和事件驅動，並具有相對安全性的客戶端腳本語言，同時也是一種廣泛用於網頁客戶端開發的腳本語言，主要用於為 HTML 網頁添加各種動態功能，簡言之，Java Script 就是

因應動態網頁製作的需要而誕生的編程語言。Java Script 的出現不僅使網頁和使用者之間實現了一種即時、動態的交互關係，縮短了網頁與使用者之間的距離，還能讓網頁包含更多精彩的動態元素和內容，讓許多精彩的瞬間成為可能。

完整的 Java Script 語言是由用於描述該語言的語法和基本對象的核心（ECMA Script）、描述處理網頁內容的方法和接口的文檔對象模型（Document Object Model，簡稱 DOM）、描述與瀏覽器進行交互的方法和接口的瀏覽器對象模型（Browser Object Model，簡稱 BOM）三個部分組成。需要提醒的是，運行用 Java Script 語言編寫的網頁需要能支持 Java Script 語言的瀏覽器。

（四）DHTML

DHTML 是 Dynamic HTML 的簡稱，即動態的 HTML 語言。嚴格地說，DHTML 不能算是一種真正意義上的網頁語言，也不是一種類似於 HTML 語言的網頁標準。那麼，DHTML 究竟是什麼呢？簡而言之，DHTML 是相對於 HTML 而言的一種新興的網頁製作概念，是用於製作動態交互網頁的一種網頁技術集成，主要包括 HTML、CSS 與 Java Script 等網頁語言。其中，HTML 定義網頁結構，CSS 定義網頁樣式，Java Script 定義網頁行為，三者相互結合構建出來的 DHTML 頁面操控更加便捷、形式更加美觀、互動更加多元。因此，DHTML 被廣泛地應用到網頁的製作中，成為一種當前實用的網頁製作技術。

二、網頁連結

網頁連結又稱為超連結（Hyper Link），是指從一個網頁指向另一個目標的連接關係，這個目標可以是另一個網頁，也可以是同一個網頁上的不同位置，還可以是一段文字或一張圖片、一個電子郵件地址、一個文件，甚至是一個應用程式。總而言之，網頁連結的核心是在電腦程式的各模組之間傳遞參數和控制命令。

因此，根據網頁中用來做超連結的不同對象，可以將其分為文本連結、圖像連結、E-mail 連結、錨點連結、多媒體文件連結、空連結等，其中多媒體文件連結可以使用圖形、聲音、動畫、影視圖像等多媒體文件作為連結對象，也可以稱作超媒體連結。

另外，根據網頁中連結的不同路徑，網頁連結一般分為內部連結、外部連結和錨點連結三種類型。

三、網站域名

域名的英文全稱為 Domain Name，是由一串用點分隔的名字組成的，Internet 上某一台電腦或電腦組的名稱，用於在數據傳輸時標識電腦的網路方位。域名是一種易於識別的字符型標識，是企業、政府、非政府組織等機構或者個人在網路上相互聯絡的網路地址。因此，域名的首要功能是識別功能，是機構和個人在網路上的重要標識，便於他人識別與檢索機構或個人的資訊資源，從而更好地實現網路上的資源共享。除了識別功能外，域名在虛擬環境下還可以造成引導、宣傳、

代表等作用。需要強調的是，域名的一個重要特點是具有唯一的不可複製性，如果一個域名被註冊，其他任何機構和個人都將無法再註冊相同的域名。所以，雖然域名只是應用於網路中，但它已經具備類似於商標和企業標誌的特徵。

域名通常分為兩種類型，一種是國際域名（international top-level domain-names，簡稱 iTDs），也叫國際頂級域名，是當今世界使用最廣泛的域名。例如：表示工商企業的 .com，表示網路提供商的 .net，表示非營利組織的 .org 等。第二種是國內域名，又稱為國內頂級域名（national top-level domain-names，簡稱 nTLDs），即按照國家的不同，分配不同的後綴名稱，這些域名即為該國的國內頂級域名。目前 200 多個國家和地區都按照 ISO3166 國家代碼分配了頂級域名，例如：中國是 .cn，法國是 .fr，香港是 .hk 等。

四、網路協議

網路協議是指為電腦網路中進行數據交換而建立的規則、標準或約定的集合。網路協議由語義、語法和時序三個部分組成，在網路協議中，語義定義了我們要做什麼，語法定義了我們應該怎麼做，時序則定義了事件所做的順序。

常見的網路協議有：TCP/IP 協議、NetBEUI 協議、IPX/SPX 協議等。TCP/IP 協議毫無疑問是這三大協議中最重要的一個，作為網路的基礎協議，任何與網路有關的操作都離不開 TCP/IP 協議，因此 TCP/IP 是目前應用最廣泛的網路協議。但 TCP/IP 協議也有它不可避免的缺點，即使用它瀏覽局域網使用者時，經常會出現不能正常瀏覽的現象，因此 TCP/IP 協議在局域網中的通信效率並不高。

NetBEUI 協議即 NetBios Enhanced User Interface，它是 NetBIOS 協議的增強版本，曾被許多操作系統採用。NetBEUI 協議是一種短小精悍、通信效率高的廣播型協議，安裝後不需要進行設置，特別適合於在局域網內的數據傳輸。所以除了 TCP/IP 協議之外，建議小型局域網的電腦也應安裝 NetBEUI 協議，以確保數據的順利傳送。

IPX/SPX 協議是 Novell 開發的專用於 NetWare 網路中的協議，其零設置功能主要用於各種網路遊戲的聯機應用，因此，大部分主流網路遊戲都支持 IPX/SPX 協議。

第二節 媒體交融——網頁設計的靈魂

媒體，資訊傳播的媒介，是網頁實現多元資訊整合與傳播的必要技術手段。網頁中的媒體主要包括靜態媒體元素與動態媒體元素兩大類，不同媒體的設計與製作需要不同的軟體與工具。因此，本節將媒體技術與其設計製作的軟體或工具進行歸納，強化理論知識的針對性和技術實踐的連貫性，使理論與實踐實現真正意義上的融會貫通。

一、秀外慧中——網頁的靜態呈現

靜若處子、動若脫兔、動靜皆宜，均是形容網頁表現的至高境界。從網頁的發展與特點來看，網頁設計的動與靜之間是前後承襲的關係，先有靜，後有動；先有架構基礎，後有交匯多元。網頁的靜態媒體元素主要包括圖片和文字，圖片元素以其豐富的內容資訊與多元的表現形式，文字以其內斂的造型氣質與精湛的編排方式，成為網頁設計中資訊傳遞與設計表現不可或缺的重要內容。再結合如色調、符號、裝飾等網頁靜態設計元素，靜謐中的或唯美、或恬淡、或精彩、或張揚、或奢華、或樸素的風格，全在這內外兼修、智慧滿溢的網頁靜態表現之中。

（一）靜態媒體元素

1. 圖片

圖片是圖形與圖像的總稱，是網頁設計最常用的設計元素之一。圖片具有在視覺傳達方面的先天優勢，能夠超越文字和語言的障礙將資訊內容表達得更加直觀與生動。在網頁設計中，圖片設計製作的要點主要包括掌握圖片的形式表現與格式特點兩個方面。

（1）形式表現

①矩陣編排

一張或多張圖片以完整的矩形形式規則有序地編排放置在網頁版面中，這種圖片編排形式被稱作矩陣編排。

矩形圖片本身具有很強的獨立存在感，在網頁的頁面空間關係中容易與其他視覺元素形成對比，表現出強大的視覺張力和心理磁場，成為吸引使用者關注的焦點因素。但是，矩形圖片需要設計師進行有意識的創意表現處理與編排形式構建，否則其剛硬的邊緣輪廓形態將難以與版面其他設計元素和諧共處。因此，色調、合成、裁切、圓角、投影、邊框等均是處理單張矩形圖片的有效表現手段，可以形成權威肯定、張揚突出的版面性格特徵；重複、對比、並列、錯落、呼應等設計手法，則是多張矩形圖片進行矩陣編排的重要方式，會給使用者留下直觀有序的網頁視覺印象。（圖 2-1 至圖 2-5）

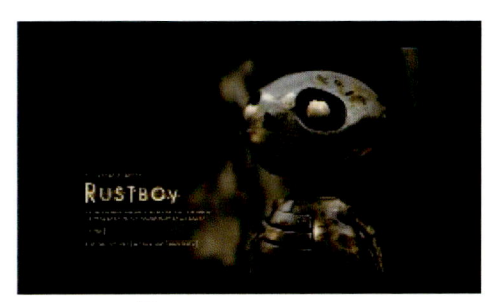

圖 2-1　www.rustboy.com

圖 2-2　www.schapker.com

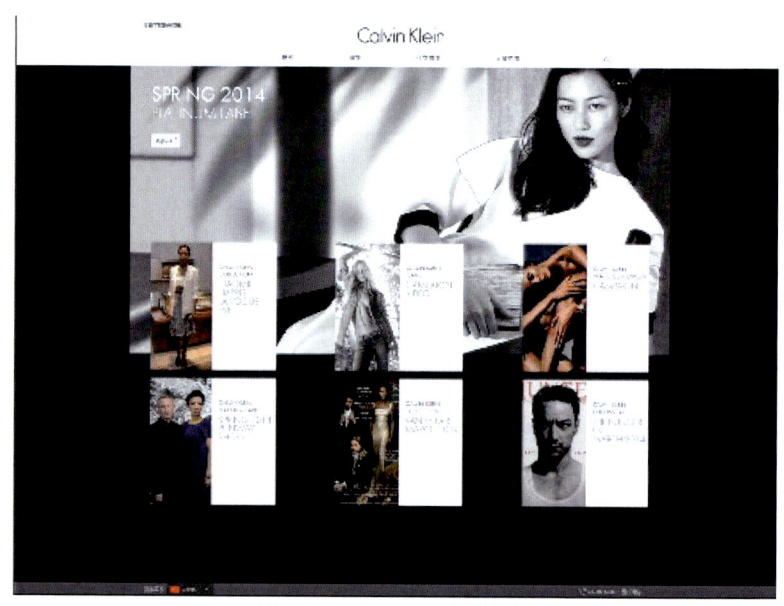

圖 2-3　Calvin Klein 中國官網

圖 2-4　www.loisjeans.com

第二節 媒體交融──網頁設計的靈魂

圖 2-5　www.thebeatles.com

網頁設計 Web Design

②滿版編排

滿版編排是指在網頁版面設計中，有意識地將圖片延伸至頁面邊緣，擴充到頁面的有效尺寸之外，這種編排手法使整個版面產生無邊框，且充裕豐滿的視覺效果。

滿版編排在網頁設計中通常是根據設計的需求，將相關圖片作為頁面背景使用，不僅能強化頁面的個性特徵，還能使頁面產生蔓延、舒展的視覺感受；加之對圖片本身的創意設計，透過與圖片、色塊、文字及其他設計元素的組合編排，能夠形成多層次、豐富有序的視覺空間形態，更加有利於網頁主題意念的傳遞與情感的抒發。如圖 2-6，大自然保護協會的網頁中就使用了大量彰顯網頁主題的圖片作滿版編排，不僅突出了呼籲保護大自然的網頁主題訴求，更形成了一種讓人身臨其境的自然情景頁面與清新、自然、親切的網頁風格。（圖 2-7 至圖 2-9）

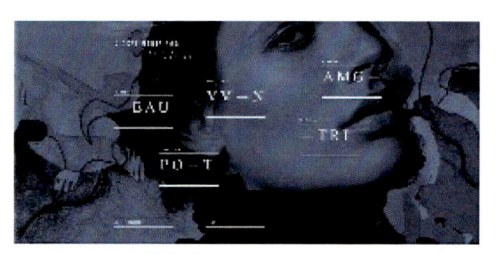

圖 2-7　hair-makeup.dk

圖 2-8　thirtydirtyfingers.com

圖 2-9　www.mecre.ch

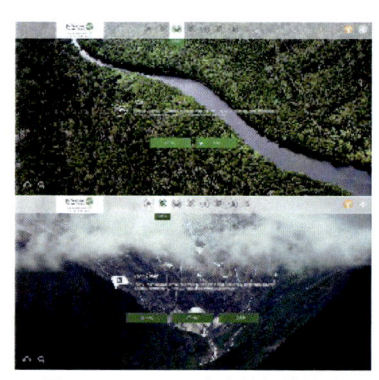

圖 2-6　tnc.org.cn 大自然保護協會

③去背編排

去背編排，顧名思義是指圖片只保留設計需要的部分，去掉背景與其他元素，使被保留的對象具備更加鮮明的個性特徵，是網頁設計中一種重要的圖片表現形式。去背圖片比較容易與網頁版面中的背景、顏色、圖形、文字等設計元素結合，形成整體協調、生動多變的視覺效果。同時編排多個去背圖片，還能使網頁產生簡潔清爽、統一有序的版面印象，這種圖片編排形式經常使用在商務網頁中的產品展示區域，乾淨單純的背景與產品形象的組

第二節 媒體交融——網頁設計的靈魂

合,是突出產品個性特徵、彰顯產品高貴品質不可或缺的重要手段。

去背圖片在編排表現的多樣性方面超越了上述兩種編排形式,呈現出多元的視覺效果。如圖2-10至圖2-14所示,網頁作品中去背圖片在白色背景中顯得乾淨與純粹,在有色或其他背景中的對比強烈;單獨去背圖片彰顯的直觀與力度,多個去背圖片編排的一氣呵成、完整和諧等,均是去背圖片編排多元視覺效果的精彩展現。

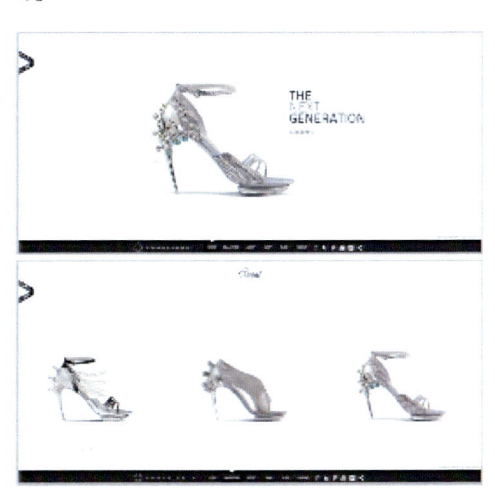

圖2-10　www.conspiracy.it

圖2-11　www.weinberg.lv

圖2-12　www.pro-foods.com

圖2-13　www.myownbike.de

網頁設計 Web Design

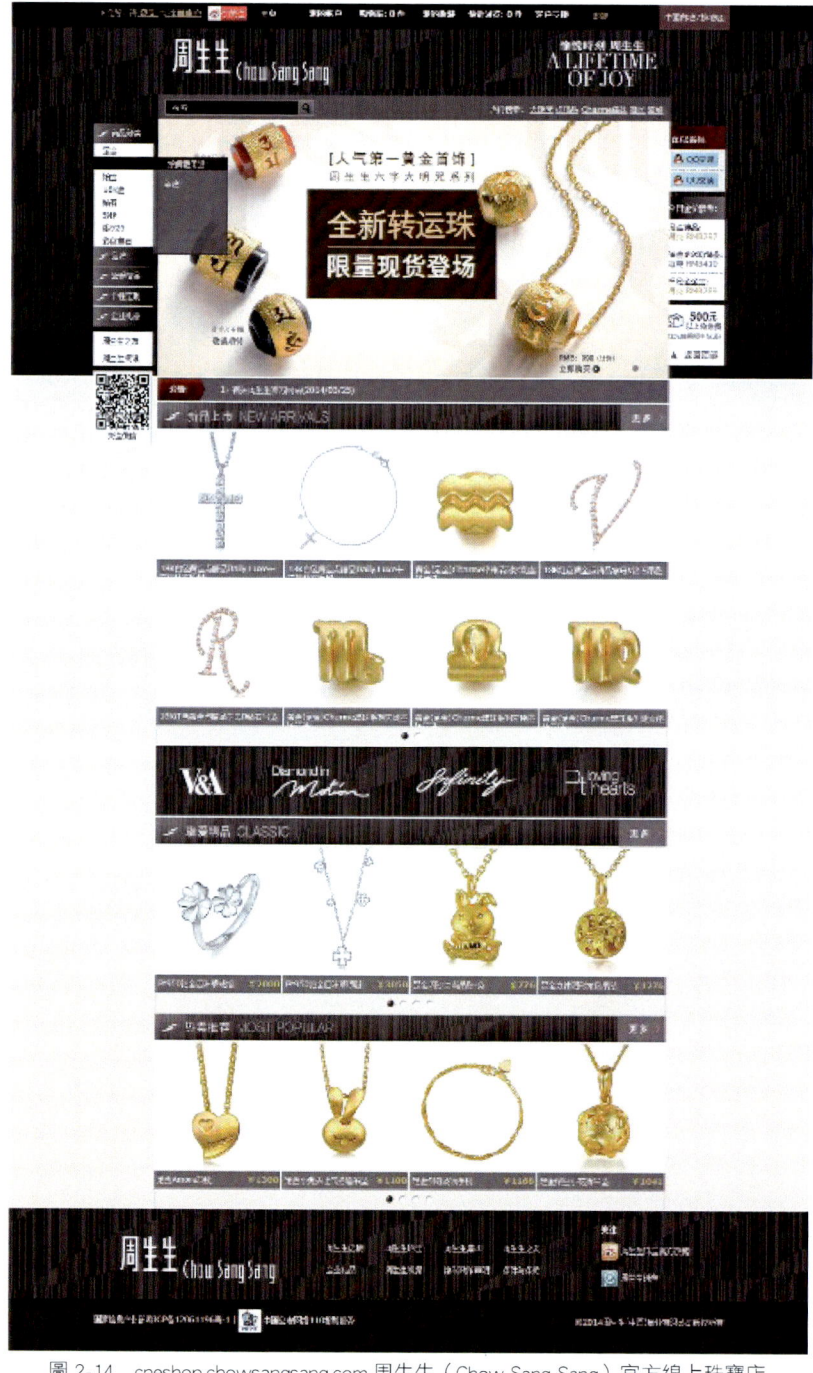

第二章 技術探究、媒體鑑識

圖 2-14 cneshop.chowsangsang.com 周生生（Chow Sang Sang）官方線上珠寶店

(2) 格式特點

不同的圖片格式有不同的性質特點，在顯示效果與具體用途方面也有所不同。但是需要表明的一個共同點是，網頁設計的圖片都是儲存在電腦中，透過瀏覽器和電腦螢幕進行顯示的，因此網頁中使用的圖片首先必須滿足顯示的基本需求。通常情況下，網頁設計中常用的圖片格式有 GIF、JPEG、PNG 和 MNG 這四種格式。

① GIF 格式

GIF 格式的全稱是 Graphics Interchange Format，中文譯為「圖像交換格式」。顧名思義，這種格式用於網路上圖形圖像的交換與交流。1980 年代，美國一家著名的線上資訊服務機構 CompuServe，針對當時的網路傳輸帶寬對圖片傳輸的限制，開發出了 GIF 這種圖片格式。

GIF 格式是一種無損壓縮的圖像文件格式，其優點是壓縮比例高，硬碟空間占用較少，所以這種圖像格式在網路上迅速得到了廣泛的應用。同時，GIF 格式的圖形圖像支持透明區域（Transparency）和交錯模式（Interlaced），圖像可以去除多餘生硬的背景，使得顯示效果不僅更加生動，還能更好地與網頁中的其他元素融合在一起。早期的 GIF 格式只能簡單地用來儲存單幅靜止圖像（稱為 GIF87a），後來隨著技術發展，GIF 格式可以同時儲存若干幅靜止圖像，進而形成連續的動畫，並且在文件中還能包含動畫的播放延遲時間、播放順序等動畫參數，透過瀏覽器讀取在網路上直接播放，GIF 格式因此成了當前支持 2D 動畫的主流文件格式之一，為與靜態的 GIF87a 格式區別，動畫 GIF 格式又稱為 GIF89a，是目前 Internet 上使用較廣泛的彩色動畫文件格式之一。

當然，除了上述的優點外，GIF 格式也有它不可避免的缺點，就是只能保存最大 8 位色深的數位圖像，所以它最多只能用 256 色來表現物體，對於色彩複雜的物體顯示就顯得力不從心了。另外，GIF 格式圖像在不同系統中的顯示效果是有差別的。儘管如此，卻並不妨礙它在網路和網頁設計中的大量使用，這和 GIF 格式圖形文件小、下載速度快、可使用具有同樣大小的圖像文件組成動畫等優勢是分不開的。

② JPEG 格式

JPEG 是一種常見的圖像文件格式，它是由聯合照片專家組（Joint Photographic Experts Group）開發並以此命名的圖像文件格式，JPEG 是該格式名稱的縮寫，其擴展名為 .jpg 或 .jpeg。JPEG 格式採用有損壓縮方式來壓縮圖像文件，這種壓縮方式以犧牲部分的圖形圖像資訊來獲取極高的壓縮比，壓縮比例越高，圖像的質量越差。但是，JPEG 格式這種壓縮計算法是採用平衡像素之間的亮度色彩來壓縮的，壓縮的主要是圖形圖像中的高頻資訊，考慮到了人的視覺特性。因此，一般情況下只要圖形圖像的壓縮比例設置得當，就不會讓人明顯感覺到壓縮前後的差異。同時 JPEG 格式支持 24 位真彩色，對色彩的資訊保留較好，普遍應用於帶有連續色調的圖像，因此 JPEG 格式更有利於表現帶有漸變色彩且沒有清晰輪廓的圖像。

網頁設計 Web Design

第二章 技術探究、媒體鑑識

與 GIF 格式相比，JPEG 格式也有類似於交錯顯示的漸進式顯示模式，但不支持透明區域的顯示。目前各類瀏覽器均支持 JPEG 這種圖像格式，因為 JPEG 格式的文件尺寸較小，下載速度快，所以順理成章地成為網路上最受歡迎的圖像格式。

③ PNG 格式

PNG（Portable Network Graphics）是一種新興的網路圖像格式，中文名稱譯為「可攜式網路圖形圖像」。在 1994 年底，由於 Unysis 公司宣布 GIF 格式擁有專利的壓縮方法，要求開發 GIF 圖形格式軟體的作者須繳交一定費用，由此促使免費的 PNG 圖像格式的誕生。1996 年 10 月 1 日，國際網路聯盟認可並推薦 PNG 格式，由此大部分繪圖軟體和瀏覽器開始支持 PNG 格式的圖像瀏覽，目前不少網頁都已經採用 PNG 格式的圖形圖像。

首先，PNG 格式不僅能儲存 24 位真彩圖像和 48 位的超強色彩圖像，還能把圖像文件壓縮到極限以利於網路傳輸，同時能保留所有與圖像品質有關的資訊，這是因為 PNG 格式是採用無損壓縮方式來減少文件的大小，這一點與犧牲圖像品質來換取高壓縮率的 JPEG 格式是完全不同的。其次，PNG 格式的顯示速度很快，面對不同系統顯示的圖形圖像不會失真，且同樣具備了 GIF 格式的交錯顯示模式，只需下載 1/64 的圖像資訊就可以顯示出低解析度的預覽圖像。再次，PNG 格式同樣支持透明圖像的製作，GIF 格式雖然也支持透明圖像的製作，但是其透明的圖形圖像只有 1 與 0 的透明資訊，即只有透明和不透明兩種選擇，缺少相應的層次表現；而 PNG 格式則提供了「α」頻段 0 至 255 的透明資訊，使圖像的透明區域出現由深及淺的不同層次，可以完美地覆蓋在任何背景圖形上，彌補了 GIF 透明圖形邊緣粗糙的不足。另外，Macromedia 公司開發（後為 Adobe 公司收購）的 Fireworks 軟體的默認格式就是 PNG。

PNG 格式的缺點是不支持動畫應用效果，如果能改善，幾乎就可以完全替代 GIF 和 JPEG 格式了。PNG 圖形圖像格式的開發人員已經意識到這一缺點，開發出了基於 PNG 格式的動畫格式——MNG 格式。

④ MNG 格式

MNG 是 Multiple-Image Network Graphics（多重影像網路圖形圖像）的縮寫，它的誕生是對 PNG 格式不能實現動畫效果的完善。

與 GIF89a 動畫格式相比，MNG 格式有以下優點：第一，MNG 格式採用以對象為基礎的動畫形式。該動畫透過對象的行動、複製、貼上來實現，從而減小了動畫文件的尺寸，更有利於網路的傳輸；第二，MNG 對於複雜的動畫採用了嵌套循環方式，加強了動畫播放的流暢性；第三，MNG 能夠集合以 PNG 和 JPEG 為基礎的圖像，同時使用比 GIF 格式更為優化的壓縮格式，使得圖形圖像的質量更為優化；第四，MNG 支持透明的 JPEG 格式。

但是，目前多數主流瀏覽器均不直接支持 MNG，支持該格式的瀏覽器僅有 Konqueror、Navigator、IE（需使用

MNG4IE）等。現在，Corel 公司的 Paint Shop Pro 的最新版本開始支持 MNG 格式，相信在不久的將來，MNG 格式一定會獲得更多瀏覽器和軟體的支持，廣泛地應用於網路平台與網頁設計。

2. 文字

文字，人類用來記錄語言的符號系統，是文明社會產生的標誌。漢字的發展大致經歷了結繩記事、伏羲文王畫八卦、甲骨文、金文、鐘鼎文、大篆、小篆、隸書、行書、草書、楷書等階段。文字在早期都是以圖畫形式的象形文字存在，然而發展到今天，除漢字外，大多數都成了記錄語音的表音文字。

文字，是網頁資訊內容表述和傳遞最直接的一種方式，在網頁中佔有非常大的比重。

在網頁設計中，文字的設計與使用主要分為兩種類型，一種是文本文字，另一種是非文本文字，非文本文字的設計表現可以透過圖片、動畫或其他可用形式得以實現，文本文字的使用則需要遵守網頁設計的相關使用規範。因此在本節中，主要闡述的是文本文字在網頁設計中的相關使用規範，這包括文字的字體、字號與編排等內容。

（1）字體

文本文字，在網頁中字體的選擇與使用必須被限制在網頁核心字體集合（又稱 Web 安全字體）的範圍之中，這個集合隨著電腦技術的發展正在不斷發展壯大，目前已有 20 種常用的英文字體，它們被默認安裝在全世界約 95% 的電腦中，是網站文字資訊內容字體的首選，可以實現 CSS 編寫和無障礙顯示，以下便是網頁 20 種安全字體及其族科（font-family）名稱的效果展示。（圖 2-15 至圖 2-34）

網頁設計 Web Design

Arial
abcdefghijklmiopqrstuvwxyz
ABCDEFGHIJKLMIOPQRSTUVWXYZ
1234567890.,(:!?*)

圖2-15 Arial——font-family: Arial, Helvetica, sans-serif;

Arial Black
abcdefghijklmiopqrstuvwxyz
ABCDEFGHIJKLMIOPQRSTUVWXYZ
1234567890.,(:!?*)

圖2-16 Arial Black——font-family: 'Arial Black', Gadget, sans-serif;

Arial Narrow
abcdefghijklmiopqrstuvwxyz
ABCDEFGHIJKLMIOPQRSTUVWXYZ
1234567890..(:!?*)

圖2-17 Arial Narrow——font-family: 'Arial Narrow', sans-serif;

Bookman Old Style
abcdefghijklmiopqrstuvwxyz
ABCDEFGHIJKLMIOPQRSTUVWXYZ
1234567890.,(:!?*)

圖2-18 Bookman Old Style——font-family: 'Bookman Old Style', serif;

Comic Sans MS
abcdefghijklmiopqrstuvwxyz
ABCDEFGHIJKLMIOPQRSTUVWXYZ
1234567890.,(:!?*)

圖2-19 Comic Sans MS——font-family: 'Comic Sans MS', cursive;

Courier New
abcdefghijklmiopqrstuvwxyz
ABCDEFGHIJKLMIOPQRSTUVWXYZ
1234567890.,(:!?*)

圖2-20 Courier New——font-family: Courier New, monospace;

Garamond
abcdefghijklmiopqrstuvwxyz
ABCDEFGHIJKLMIOPQRSTUVWXYZ
1234567890.,(:!?*)

圖2-21 Garamond——font-family: Garamond, serif;

Georgia
abcdefghijklmiopqrstuvwxyz
ABCDEFGHIJKLMIOPQRSTUVWXYZ
1234567890.,(:!?*)

圖2-22 Georgia——font-family: Georgia, serif;

Impact
abcdefghijklmiopqrstuvwxyz
ABCDEFGHIJKLMIOPQRSTUVWXYZ
1234567890.,(:!?*)

圖2-23 Impact——font-family: Impact, Charcoal, sans-serif;

Lucida Comsole
abcdefghijklmiopqrstuvwxyz
ABCDEFGHIJKLMIOPQRSTUVWXYZ
1234567890.,(:!?*)

圖2-24 Lucida Console——font-family: 'Lucida Console', Monaco, monospace;

Lucida Sans Unicode
abcdefghijklmiopqrstuvwxyz
ABCDEFGHIJKLMIOPQRSTUVWXYZ
1234567890.,(:!?*)

圖2-25 Lucida Sans Unicode——font-family: 'Lucida Sans Unicode', 'Lucida Grande', sans-serif;

MS Sans Serif
abcdefghijklmiopqrstuvwxyz
ABCDEFGHIJKLMIOPQRSTUVWXYZ
1234567890.,(:!?*)

圖2-26 MS Sans Serif——font-family: 'MS Sans Serif', Geneva, sans-serif;

第二章 技術探究、媒體鑑識

Palatino Linotype
abcdefghijklmiopqrstuvwxyz
ABCDEFGHIJKLMIOPQRSTUVWXYZ
1234567890.,(:!?*)
■2‧27 Palatino Linotype——font-family: 'Palatino Linotype', 'Book Antiqua', Palatino, serif;

Συμβολ
αβχδεφγηιφκλμιοπθρστυπωξψζ
ΑΒΧΔΕΦΓΗΙƷΚΛΜΙΟΠΘΡΣΤΥΩΞΨΖ
1234567890.,(:!?*)
■2‧28 Symbol——font-family: Symbol, sans-serif;

Tahoma
abcdefghijklmiopqrstuvwxyz
ABCDEFGHIJKLMIOPQRSTUVWXYZ
1234567890.,(:!?*)
■2‧29 Tahoma——font-family: Tahoma, Geneva, sans-serif;

Times New Roman
abcdefghijklmiopqrstuvwxyz
ABCDEFGHIJKLMIOPQRSTUVWXYZ
1234567890.,(:!?*)
■2‧30 Times New Roman——font-family: Times New Roman', Times, serif;

Trebuchet MS
abcdefghijklmiopqrstuvwxyz
ABCDEFGHIJKLMIOPQRSTUVWXYZ
1234567890.,(:!?*)
■2‧31 Trebuchet MS——font-family: 'Trebuchet MS', Helvetica, sans-serif;

Verdana
abcdefghijklmiopqrstuvwxyz
ABCDEFGHIJKLMIOPQRSTUVWXYZ
1234567890.,(:!?*)
■2‧32 Verdana——font-family: Verdana, Geneva, sans-serif;

■2‧33 Webdings——font-family: Webdings, sans-serif;

■2‧34 Wingdings——font-family: Wingdings, 'Zapf Dingbats', sans-serif;

除了英文核心字體之外，在目前的Windows 中文操作系統中，默認安裝的網頁中文核心字體有宋體、新宋體、黑體、楷體、仿宋、隸書、幼圓、微軟雅黑等。

其中，宋體是一種非常典型的 serif 字體，其襯線裝飾的特徵非常明顯，而黑體、幼圓、微軟雅黑則屬於 sans-serif 字體，風格簡約而現代。隨著電腦操作系統不斷發展完善，網頁設計藝術與字體設計藝術的不斷發展創新，相信會有更多的中文字體不斷加入到網頁核心字體的隊伍中，進一步豐富中文網頁的設計與製作。

（2）字號與編排

不同字體的字號選擇，間距與行距的設置在網頁設計中同樣重要，筆畫的粗細、濃淡與像素的大小是網頁字體在客戶端正常顯示與優化表現的關鍵。網頁字體的編排方式主要包括間距、行距、對齊方式等設置，可根據網頁版式設計的原理進行編排設計，在技術方面則可透過 CSS 技術對字體進行編排與控制，力求達到統一和諧的文字編排效果。

在網頁中，如果沒有明確地為文字指定字號數值，大部分瀏覽器會把網頁文字默認顯示為 16px（像素）。但是，這個 16px 的默認值對網頁大部分文字資訊的編排與顯示來說是不合適的，正文資訊部分的字體大小通常在 9px～14px 之間，這時就需要綜合考慮主流螢幕解析度以及螢幕到人眼的距離、同一字體在不同顯示器中的大小比例、不同字體的筆畫粗細濃度等因素來設置字號，例如宋體的正文最佳顯示字號是 12px；而標題及其他字體內容，則需根據實際需求進行設定。

px（像素）：這是網頁字體大小所使用的相對單位，同樣的還有 em 和 %（百分比）。px（像素）是與顯示器的解析度所關聯的，顯示器解析度越高，字體的像

素密度越大，通常也就意味著字體在視覺上會顯得更小更細膩。另外，常見的 em 是透過使用的體的大小來定義的度量單位，它的值一般是文本元素大小的倍數。例如，瀏覽器默認的字體大小是 16px，那麼 1em 就等於 16px；如果字體大小為 12px，那麼 2em 就等於 24px，依此類推。除此之外，%（百分比）這個單位的使用也類似於 em。

（二）靜態設計的軟體工具

在對網頁設計中的靜態媒體及其特點有了一個較為全面的瞭解之後，需要關注與掌握其相關設計製作的軟體工具及其性質特點，在設計工作中做到胸有成竹、遊刃有餘。

1.Photoshop

Photoshop，是 Adobe 公司旗下最為著名的圖像處理與設計製作軟體，具有集圖像輸入、編輯修改、設計表現、動畫製作、輸出影印於一體的強大功能，其應用範圍涉及圖像、圖形、文字、影片、動畫、3D 等方面，廣泛應用於各設計領域。自 1990 年 2 月 Photoshop1.0.7 版本的正式發行，到 2003 年 10 月發布的 Photoshop CS 系列，再到 2013 年 7 月推出的最新系列 Photoshop CC，Adobe Photoshop 經歷了由量到質的轉變歷程，成了在圖形圖像領域的軟體工具翹楚。

目前在網頁設計領域，Photoshop 是主流的網頁靜態製作與界面設計製作的軟體工具，分別支持與兼容 Windows 操作系統和 Mac OS 操作系統。（圖 2-35、圖 2-36）

圖 2-35　Adobe Photoshop（截止至 CS 系列）

圖 2-36　Adobe Photoshop CC 版本

2.Illustrator

Adobe Illustrator，是全球最著名的向量圖形軟體，以其強大的功能和體貼的使用者界面享譽全球，廣泛應用於印刷出版、插畫繪製、多媒體圖像處理與網頁設計等領域。其版本開發與 Photoshop 同步，在 2012 年 Adobe 公司發行 Adobe Illustrator CS6 之後，於 2013 年發布現今的最新版本 Adobe Illustrator CC。該版本增加了 CC 系列的全新可變寬度筆觸與多個畫板、觸摸式創意工具等新功能，使 Illustrator 更加能滿足網頁界面設計與靜態媒體製作的各項需求。（圖 2-37）

圖 2-37　Adobe Illustrator CC 版本啟動畫面

3.CorelDRAW

CorelDRAW，是加拿大 Corel 公司開發的著名向量圖形繪製軟體，這個軟體主要提供向量插圖繪製、版面布局、位圖編輯等功能。隨著軟體發展多元化的趨勢，2014 年發布的 CorelDRAW X7 版本增加了可完全自定義的界面、有趣的行動應用程式、特殊效果與高級照片編輯等功能，成為網頁圖形繪製、頁面布局設計的重要軟體工具之一。除此之外，Corel 公司開發的 Painter、Adobe 公司旗下的 Freehand 等與 CorelDRAW 功能相似的繪圖軟體，也新增了不少有助於網頁界面設計與靜態媒體製作的功能，可根據設計需要靈活使用。（圖 2-38）

二、繪聲繪影——網頁的動態交匯

如果說秀外慧中的網頁靜態表現是不可或缺的，那繪聲繪影的網頁動態交匯則是無法替代的。網頁，利用先進的技術工具將各類動態媒體元素集於一身，超越各類傳播媒體將資訊的多元傳遞發揮到了極致。追求花俏浮誇的網頁界面永遠不是我們設計工作的宗旨，在網頁的動態交匯設計中追求每時每刻的完美與精彩體驗，才是我們堅持不懈的動力。

（一）動態媒體元素

1. 動畫

（1）SWF 動畫

SWF 動畫，是由 Flash 軟體製作的，一種可以將聲音、影片、動畫與圖形等融合在一起的，能夠實現即時人機互動的網路動畫形式。SWF 動畫同時具備傳輸速度快、播放兼容性強等特點，所以被廣泛應用在各種類型的網頁中。SWF 動畫必須用 Adobe Flash Player 軟體打開，因此瀏覽器必須安裝相關插件才能瀏覽，無須擔心的是，現在 95% 以上的瀏覽器都帶有 Adobe Flash Player 插件，所以網頁中的 SWF 動畫大部分均可正常瀏覽。

圖 2-37　CorelDRAW X7 版本

（2）GIF 動畫

GIF 動畫是一種製作簡單的動畫形式，其動畫原理是：將多個靜態圖像數據儲存到一個 GIF89a 圖片文件中，逐幅讀出並顯示到螢幕上，就構成了 GIF 動畫。但歸根結底，GIF 動畫仍然是一種圖片文件格式，因此，在網頁中使用 GIF 動畫的方法與使用 GIF 圖片的方法是相同的。

2. 視聽元素

（1）音頻

不同於圖片、文字這樣的單純視覺媒體，聽覺媒體的加入更加強化了網頁的傳播力與影響力。背景音樂的娓娓道來、各種配音與聲效的高低起伏，都是網頁設計不可或缺的重要動態媒體元素。

在網頁中可以使用的聲音主要有 WAV、MP3、MIDI、AIF 四種常用格式，

不同的音頻格式具有不同的製作特點和音質效果，但均能為絕大多數瀏覽器所識別，廣泛使用於網頁中。

（2）影片

數位影片處理技術的蓬勃發展使得大量的影片文件可以在網頁中使用並用於瀏覽器播放。在影片文件中，有 FLV、WMV、ASF、MPG、MOV、AVI、MP4 等格式可以為網路使用，不同的影片格式具有不同的體積大小和音畫質效果，在網路上的傳輸速度也不盡相同。其中，FLV 格式就是隨著 Flash MX 的推出，發展而來的新興影片格式，其全稱為 Flash Video，具有形成的文件小、加載的速度快等特點，所以目前大部分線上影片網站均採用該影片格式。另外，WMV 也是一種被廣泛使用的影片格式，它是微軟推出的一種流媒體格式，是對 ASF（Advanced Stream Format）格式的升級延伸。在同等質量效果的影片中，WMV 格式的體積更小，因此非常適合網頁使用與網路傳輸。

3.動態技效

除上述動畫、視聽元素等動態媒體元素之外，網頁中還經常使用一些為網頁增色、增效的網頁動態技術與效果，主要包括有動態按鈕、可控圖標、活動菜單、動態網頁特效等；還有如近年來開始被廣泛使用在網頁中的 3D 特效與虛擬現實技術等高新科技，這些動態技效的發展與使用不斷豐富網頁的資訊傳播與形式表現。

（二）動態設計的軟體工具

動態元素是網頁設計中不可或缺的重要組成部分，是活躍頁面效果、增強網頁交互性的基本手段。因此，要瞭解動態媒體元素的基礎，還必須瞭解動態元素設計製作的軟體工具及製作要點。

1.Flash

Flash，原本由 Macromedia 公司推出，後被 Adobe 公司收購，應網頁動態效果設計多樣化的需求而產生的，簡單直觀且功能強大的集動畫、多媒體內容創建與應用程式開發於一身的軟體工具，到目前為止的最新版本為 2013 年推出 Adobe Flash Professional CC。Adobe Flash Professional CC 為創建向量動畫、交互式網站、桌面應用程式以及手機應用程式開發提供了功能全面的創作和編輯環境。即使是最簡單的動畫，都可添加動畫、影片、聲音、圖片與特殊效果，構建包含豐富媒體的動畫與應用程式。因此，Flash 成為當今網頁動畫與動態設計製作最為流行的軟體之一。（圖 2-39）

圖 2-39　Adobe Flash CC 版本

2.Fireworks

Fireworks，是 Macromedia 公司開發的一款專為網頁圖形與動畫設計製作的編輯軟體，後同 Flash 一樣被 Adobe 公司收購，最終版本為 Fireworks CS6。Fireworks 不僅能夠輕鬆製作 GIF 動畫，還可以設計製作動態按鈕、變換圖像、彈出選單等網頁動態特效。但是，由於和

Photoshop、Illustrator、Edge Reflow 之間在功能上有較多雷同，Adobe 公司宣布，Fireworks 不會出現在 CC 家族系列中，這意味著「網頁三劍客」的時代將隨著 Fireworks 的終結而結束。2013 年，Adobe 公司正式發布了 CC 家族的設計軟體產品，它們包括：Photoshop CC、InDesign CC、Illustrator CC、Dreamweaver CC、Premiere Pro CC 等，開啟了 Creative Cloud（CC）全新系列設計軟體應用與服務的新時代，網頁的設計與製作將進入一個嶄新的發展時期。（圖 2-40）

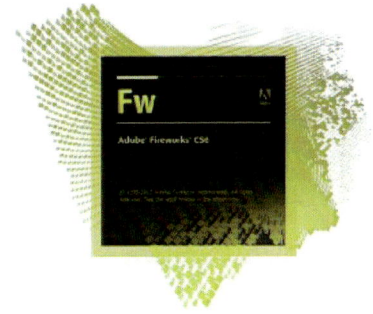

圖 2-40　Adobe Fireworks CS6 啟動畫面

3.Ulead GIF Animator

Ulead GIF Animator 是一款功能強大的動畫 GIF 製作軟體，由台灣 Ulead Systems.Inc 創作發布。該軟體自帶許多現成的動畫特效，供設計師使用的同時還能優化動畫 GIF 圖片，使其得到更好的網路瀏覽效果與速度；此外，Ulead GIF Animator 的另一項特色功能是可將 AVI 影片文件轉成動畫 GIF 文件。

4. 其他軟體

除上述三款常用的網頁動畫與多媒體製作軟體以外，還有以 Adobe Premiere 與 AfterEffects 為代表的專業影片製作與後期處理軟體，其工作原理是將圖片、音樂、影片等素材經過非線性編輯後，透過二次編碼生成影片文件。除了影片合成功能，影片製作軟體通常還具有添加轉場特效、字幕特效、文字註釋等功能，也是網頁多媒體內容製作不可或缺的軟體工具。

三、各司其職──網頁的製作整合

在靜態元素與動態媒體的設計與製作工作完成之後，就需要開始網頁的製作與整合工作。在這個過程中，組成網頁的各部分需要在相關軟體技術的引導安排下，各司其職、有條不紊地完成網頁製作與整合的全部工作。

（一）網頁製作與媒體整合

1. 網頁製作

在這個工作中，首先要完成的是網頁的製作。將已經設計完成的網頁界面，利用相關軟體工具與製作技術構建成為可用的網頁結構框架，這個過程叫做網頁製作。該過程的特點是科學、嚴謹、精確，要求完整再現網頁界面的版式結構、色彩基調與風格氣質，同時具備網頁架構的可行性、媒體添加的兼容性與交互設置的平台性三個基礎條件，這是網頁製作需要把握的重要原則與製作標準。

2. 媒體整合

媒體整合，是繼網頁製作之後的另一項重要工作，是指將承載網頁資訊內容與設計表現的各媒體元素透過不同的方式添加到已經構建好的網頁結構框架中，使網頁成為真正可視、可聽、可互動的多媒體資訊傳播與多元交互的平台。

(二) 網頁製作與媒體整合的軟體工具

網頁製作與媒體整合的軟體工具，當前功能最強大、最流行的軟體是 Adobe 公司的 Dreamweaver。當然，不同的網頁製作需求也需要不同的軟體工具來完成。

1. Dreamweaver

Dreamweaver，原是美國 Macromedia 公司開發的集網頁製作和網站管理於一身的網頁編輯器，後被 Adobe 公司收購，現在是一款針對專業網頁設計師利用「所見即所得」原理，特別研發的視覺化網頁製作工具，可以輕而易舉地製作出跨越平台限制與瀏覽器限制的多媒體動感網頁。Dreamweaver1.0 由 Macromedia 公司發布於 1997 年 12 月，到今天為止，最新版本是由 Adobe 公司在 2013 年發布的 Dreamweaver CC，它具備了網頁的製作效率高、格式控制能力強等特點，是今天網頁製作與媒體整合的首選軟體工具。（圖 2-41）

圖 2-41　Adobe Dreamweaver CC 啟動畫面

2. 其他跟網頁製作相關的軟體

其他跟網頁製作相關的軟體還有 Microsoft FrontPage（停止開發），Microsoft Expression Web Designer（Microsoft FrontPage 的繼任者，它更偏重於網頁的開發）。Adobe 公司開發的 Adobe Golive 本是專業的網頁設計軟體，它更偏重於頁面設計，但由於它不支持 AJAX 和 CSS，所以被 Dreamweaver 所替代是大勢所趨，故此 Adobe 公司於 2008 年停止開發該軟體，只提供相關技術支持。

四、無懈可擊——網頁的效果展示

在網頁的製作與媒體的整合這兩項工作完成以後，就需要對網頁進行測試，確保網頁在客戶端顯示效果的準確無誤。網頁測試使用的主要工具是各類瀏覽器。瀏覽器的本質是一種用於顯示網頁文件，實現使用者與網頁文件進行互動的軟體工具與交互平台，能夠獨立存在於各類系統之中。

隨著資訊科技的發展，作為網路入口的網頁瀏覽器，市場競爭非常激烈，目

前主流的瀏覽器主要有：以對網頁兼容性最強著稱的 IE 瀏覽器；以一流的瀏覽速度占據目前市場份額第一的高端瀏覽器 Google；2013 年市場佔有率第三的開源網頁瀏覽器 Mozilla Firefox（火狐瀏覽器）；功能全面、智慧安全且速度優越的搜狗瀏覽器；依靠百度超級平台資源創建的創新型瀏覽器——百度瀏覽器；號稱安全防護與極速兼容並重的獵豹瀏覽器；一款採用 Trident 和 Webkit 雙引擎的騰訊瀏覽器；基於 IE 內核且外掛程式更豐富的傲游雙核瀏覽器；Opera Software ASA 公司開發的網頁瀏覽器 Opera，快速、小巧且擁有更佳的標準兼容性。瀏覽器的發展不僅極大地提高了使用者訪問網頁的速度與操作的效率，更是完整而無懈可擊地將網頁的多元精彩展現得淋漓盡致。今天，隨著行動網路平台的高速發展，行動客戶端瀏覽器也隨之發展得如火如荼。

（一）效果展示平台

瀏覽器，一種透過網頁協議從服務器獲取並顯示網頁的客戶端程式軟體。大部分瀏覽器不僅能夠兼容除了 HTML 之外的其他文件格式，還能擴展支持眾多的外掛程式，因此，瀏覽器能夠獲取並顯示網頁中的圖片、動畫、影片、聲音、動態技效等多媒體內容，是網頁效果的顯示與瀏覽平台。

（二）技術測試工具

在顯示網頁效果的同時，瀏覽器還承擔另一項重要的工作——網頁技術測試，網頁結構的完整性、媒體顯示的兼容性、連結指向的準確性等，均需要使用瀏覽器進行全面測試。另外，由於不同的瀏覽器所支持的標識和語法不同，對於網頁中某些媒體與組件的顯示效果會有所不同，必須利用多種主流瀏覽器進行測試，以確保網頁在不同客戶端的瀏覽環境中獲得完整無誤的顯示效果。

第三節 尖端聚焦——網頁設計的技術變遷

發展與變化，資訊時代的一個永恆話題，新與舊、長與短、快與慢，只是轉瞬之間，網頁技術的變遷便是如此。換言之，任何技術類型的發展都有其必須遵循的發展規律與趨勢，因此，我們要聚焦尖端，以具有前瞻性與開拓性的目光來探索與分析其發展動向。綜合來說，網頁設計的技術變遷包括：軟體工具、媒體技術、顯示平台與操作功能四大方面的變化發展。在資訊時代的前提下，在網路與電腦技術大為發展的趨勢下，網頁技術的發展與進步將為網頁設計輸送更多新鮮的血液，促進網頁設計的創新與更始。

一、多元專業的軟體工具開發

2013 年 5 月，Adobe 公司宣布，將停止對原「網頁三劍客」之一的，用於網頁界面設計、網頁圖形與動畫設計的軟體工具 Fireworks 的開發，其原因是 Fireworks 與 Photoshop、Illustrator 等相關設計軟體有太多相似功能。然而就是在幾年前，Fireworks 還是網頁設計師必須學習和掌握的網頁設計的重要軟體工具之一。Microsoft FrontPage 出現了新的繼任者，Adobe Golive 的停止開發

網頁設計 Web Design

第二章 技術探究、媒體鑑識

與使用，Dreamweaver 成為網頁製作開發的主流軟體工具，這些網頁設計軟體工具在發展與變遷中出現的諸如此類的現象，表明了軟體工具的開發正向一個多元專業的趨勢發展。首先，基於學科交叉的影響與網頁設計技術和藝術並重的發展趨勢，更多的設計軟體如 Photoshop、Illustrator、CorelDRAW 等都增加或完善了在網頁設計與製作方面的功能，體現了軟體工具的多元發展。另一個方面，在研發企業的不斷努力下，網頁設計軟體工具原有功能的完善與新功能的出現，以及更多基於人性化操作的設計功能的加入，都無不彰顯出軟體工具正向專業化的方向發展。

二、全面交融的媒體技術發展

媒體技術，是資訊時代技術發展的重要產物，具備資訊傳遞的動態性、集成性與互動性。多媒體技術的使用是網頁多元資訊傳遞的一個重要特徵，隨著時代的進步與技術的發展，越來越多的新媒體和新技術的加入，拓展了資訊傳遞的手段與方式；媒體技術之間的交叉互補，共同作用，則豐富了使用者資訊採集與獲取的渠道。可以預見，Web2.0 及以後時代的媒體技術發展將會超出僅是聚焦純粹技術發展的範疇，以人為本的核心思想也將深深地烙印在媒體技術發展的脈絡中。強調媒體技術的全面交融與人性關懷，滿足不同使用者群體的使用需求，促進資訊傳遞的多次元、全面與效率，彰顯資訊科技發展引領時代前進的光芒與卓越。

三、卓越兼容的顯示平台優化

無論是秀外慧中的網頁靜態形式、還是繪聲繪影的網頁動態效果，都必須依賴優秀的網頁顯示平台才能得到真正的飛躍。1993 年，網路歷史上第一個面向普通使用者的能夠識別與顯示圖形的瀏覽器 NCSA Mosaic 發布，使得網頁的面貌從此煥然一新。雖然 Mosaic 只有 3 個版本，並在 1997 年停止前進的腳步，但是卻對此後的網頁瀏覽器產生了深遠的影響，成為之後瀏覽器研發的標準之一。今天，網頁瀏覽器以卓越的性能標準與兼容的平台標準作為發展的目標和趨勢。

第一，運行速度快捷、功能設置多元、效果顯示準確、資訊加載與讀取迅速、交互與操作便捷等特點是當代瀏覽器研發的重要標準，更是瀏覽器在激烈的市場競爭中立於不敗之地的基礎；

第二，瀏覽器能夠識別顯示更多的媒體文件類型，支持擴展更多的媒體技術程式與外掛程式，相關配套產品多元、實用，是瀏覽器作為網頁顯示平台，能夠被更多不同需求的使用者使用的另一個重要標準。

四、智慧安全的操作功能要求

網路盜竊、黑客入侵，是資訊時代的黑暗邊界，嚴重侵害了使用者的網路安全。因此，智慧安全成了網頁與其顯示平台的另一重要標準與趨勢。首先，在網頁的製作過程中，基於網路安全的考慮，大部分網頁都會添加各種安全措施與防護手段，最大限度地保護使用者的上網安全。同時，

在安全的基礎上，網頁幾乎都設置有智慧操作功能，例如智慧搜尋、智慧記憶與篩選、智慧幫助等，能即時幫助使用者簡化操作程式，提高上網效率。其次，在網頁顯示平台方面，幾乎所有瀏覽器在使用者上網時都能夠提供隱私保護、廣告過濾、網站篩選與攔截等保護使用者上網安全的相關功能，實現真正無拘無束的網路暢遊。另外，能夠根據使用者習慣收藏相關網頁的自動網頁收藏夾、獨立網頁影片播放、多窗口網頁瀏覽、滑鼠手勢支持、觸控體驗反饋等提供給使用者的智慧操作功能，已經在很多的瀏覽器中得以實現，成為廣大使用者便捷瀏覽網頁、高效獲取資訊資源的最佳助手。

　　一直以來，網頁技術的發展總是飛速變化著。把握潮流、看清趨勢，是我們撥開迷霧，洞悉網頁技術發展變化的先機與掌握核心的關鍵。多元與專業、交融與全面、卓越與兼容、智慧與安全，是對網頁技術發展變遷的全面亦膚淺的概括，在時光飛逝的洪流中，無法做到完全的準確與絕對的恆定，只希望有鑑於此，與諸位共勉之。

第三章 元素碰撞、設計創新

第三節 尖端聚焦——網頁設計的技術變遷

網頁設計,今天設計世界中更新最快、變化最多的主流設計平台之一。在這個平台中,製作與展示技術的與時俱進,藝術與設計表現的推陳出新,讓我們時而灑脫奔跑在濃墨重彩之中,時而信步遊走在優雅恬淡之內;時而品味高雅奢華,時而釋讀簡潔樸素;時而高歌共鳴,時而低唱共吟;時而據實而言,時而含蓄而行……一次次迷醉在這網頁的饗餮盛宴之中。網頁設計,同其他設計藝術一樣,也是一個在元素的碰撞中獲得創新的表現過程。簡言之,資訊科技與設計藝術的發展使得網頁的變化日新月異,電腦與網路技術是網頁形式表現的內在核心,視覺藝術設計的原則與理論則是網頁設計創新的精神指導。因此,網頁設計應緊跟時代、圍繞需求,設計一個美好的、令人嚮往的開始,一個擁有美好印象的交流的開始。

元素碰撞的動力,設計創新的變革,是網頁設計革故鼎新的根本。因此,擁有一套富有洞察力與分析力的設計方法,以敏銳的目光與批判的態度,從思考與交流開始,這是網頁設計工作的基礎。

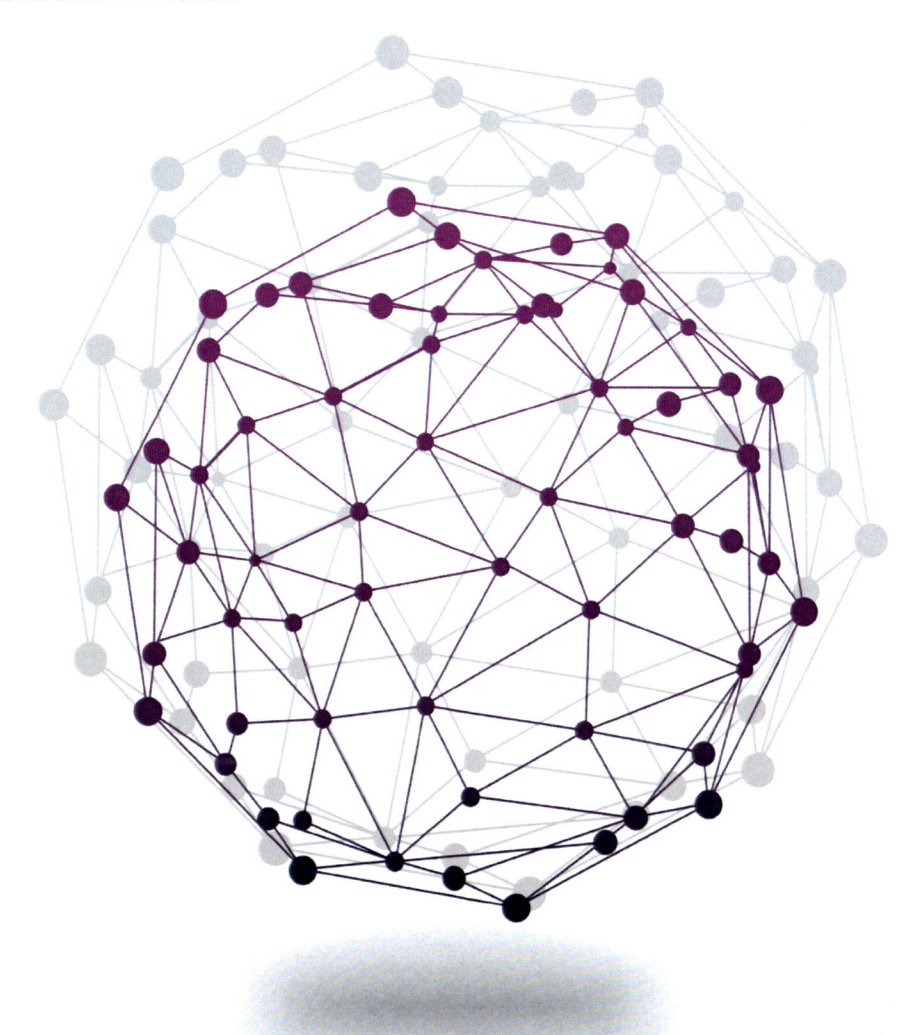

網頁設計 Web Design

第一節 視角轉換——網頁設計再定義

　　花俏浮誇的螢幕早已不是網頁設計之所求，隨著時代發展、技術進步與需求轉變，網頁設計也有新的設計標準。獨特的風格氣質、精良的設計表現、愉悅的視覺感受、良好的互動體驗，是時代、是使用者給網頁設計提出的新要求。那麼，在這個幾年前幾乎沒有人可以想像到的設計平台上，究竟應該遵循什麼樣的標準，什麼樣的規則才能給今天的網頁設計提交一份滿意的答卷呢？

　　對於網頁設計的定義和解釋，也不應該故步自封、因循守舊，這與網頁設計緊扣時代發展的脈絡、以技術進步與藝術變革為發展動力的宗旨相背離，也違反網頁設計作為設計藝術的發展精神。所以，我們要轉換視角，以批判和發展的眼光重新審視、重新定義網頁設計，不是一成不變，而是開拓進取；不是滴水不漏，而是一語中的……

　　那麼，什麼是網頁設計呢？網頁設計，視覺傳達藝術設計家族的重要組成部分。網頁設計以需求為根本、以功能為核心、以藝術為表現，圍繞網頁項目的設計主題，依靠電腦技術與視覺藝術之間的相互交融、共同作用，呈現一頁頁功能設置全面、形式表現藝術、操作使用人性的網頁界面。網路與電腦技術，是網頁設計產生與發展的基礎，具備理性與直觀性的特點；時代審美思潮與設計藝術理論，則是感性的、多元的，用於塑造網頁的形式與神韻，表達網頁的精神與氣質。

　　在網頁設計中，須以網頁內容為核心，遵循設計藝術的規律與方法，形成鮮明統一的主題風格，訴求與個性彰顯的形式外觀表現。同時，把握網頁設計與其他相關設計藝術門類的聯繫與區別，通曉網頁設計與相關設計學科之間的承續性與交叉性，將連貫網頁設計工作的始終。

第一節 視角轉換──網頁設計再定義

　　圖 3-1 是一個關於聲音情緒表達的網頁，網頁使用過濾引擎技術給使用者傾聽不同的聲音，讓使用者透過傾聽聲音來判斷聲音所反映的情緒並進行選擇，在選擇之後給出相應的數據讓使用者參考比較。在視覺表現方面，使用產生聲音的對象作為每個頁面的視覺主題，用朦朧夢幻、若隱若現的獨特圖形表現，突出網頁關於聲音表達的主題訴求，讓每一位使用者都能如臨其境、深入其中⋯⋯

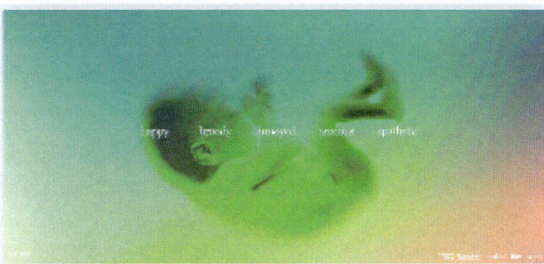

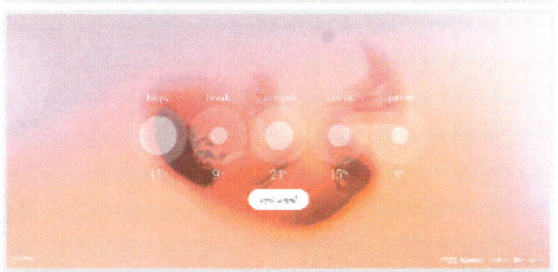

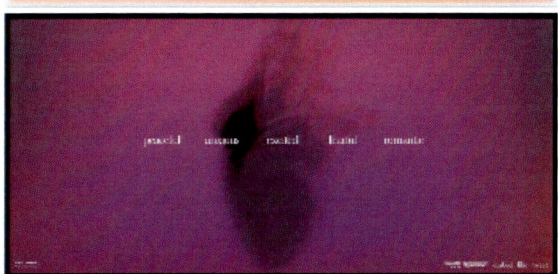

圖 3-1　www.amplifon.co.uk/emotions-of-sound.html

第二節 形式塑造——網頁設計的組成

形式，網頁存在的基礎，是網頁風格與氣質的外在表現。網頁設計，是塑造網頁形式與外觀的唯一途徑，主要由網頁的結構設計與網頁的界面設計兩部分組成。據不完全統計，使用者停留網頁的時間長短與是否決定繼續訪問，很大程度取決於對網頁的視覺印象。因此，在極短的時間之內，網頁是否能給使用者留下良好的視覺印象，依賴於網頁的界面形式與氣質風格。

一、框架構建——網頁的結構設計

（一）網頁結構概述

網頁結構，是指網頁作為網站的資訊單元載體，相互之間的組織關係構架。完整的網站頁面主要由歡迎頁、首頁與各級分支頁組成，其中首頁與分支頁是網站組成的必需部分。網頁結構設計的目的主要有兩方面，首先是創建一個規劃準確、條理清晰的網頁框架結構，使網頁的資訊內容能夠得到統一有序的規整和編列，便於當前資訊的組織與以後資訊的添加；其次，從使用者的角度來看，完善的網頁結構能夠使使用者更為便捷地找到所需要的頁面與資訊，明確自己所訪問的站點位置，同時，使用者能夠透過網頁導航連結在網站頁面之間進行迅速跳轉，形成一系列完整而高效的網頁訪問流程。簡而言之，優秀的網頁結構設計可以使網頁的瀏覽達到最高的效率。

網站多變化的特性決定了網頁結構關係的複雜和多層次，不同類別的網頁資訊內容不同，瀏覽方式不同，需結合上述特點設計出既符合網頁形式與內容需求，又滿足人性化瀏覽需求的網頁結構。

（二）網頁結構設計

目前，主流的網頁結構主要包括有兩種：樹形結構與星形結構。兩種結構形式各有所長，需要根據網頁資訊內容與使用者瀏覽需求進行規劃設計，確保資訊結構的條理清晰與瀏覽互動的高效便捷。在欄目較多、內容複雜的網頁中，通常可以在首頁和一級頁面，或二級頁面之間使用星形結構，在二級和三級及以下級頁面中使用樹形結構，這種網頁結構設計很好地兼具了兩種網頁結構的優勢，是當前常用的一種網頁結構的設計方式。

1. 樹形結構

樹形結構，由於其形式類似於樹枝由主到次、從粗到細的結構形式而得名。樹形結構的網頁從首頁開始指向一級頁面，一級頁面指向二級頁面，二級頁面指向三級頁面，諸如此類。這樣的結構形式使得頁面間的層次關係井然有序、條理清晰，使用者可以明確知道自己所處的位置，不會迷失瀏覽方向。因此，這些特點決定了樹形結構是網頁設計中運用最廣泛的網頁結構，幾乎所有的網頁都在使用這種結構形式。但是，樹形結構也有它不可避免的缺點存在，即如果想要從一個欄目的子頁面跳轉到另一個欄目的子頁面則必須經過首頁，這樣就降低了瀏覽的效率。

2. 星形結構

星形結構是指在頁面之間相互建立連結樞紐，讓所有頁面都透過連結樞紐形成連結關係，並列存在。其中，首頁通常作為頁面的中心樞紐，以發散嵌套的形式連結所有頁面，類似於網路服務器的結構形式。星形結構的每個頁面之間都建立有連結，這樣可以使使用者無須回到首頁連結便可隨即切換到自己想看的頁面，提高了瀏覽的效率。然而，星形結構的缺點是如果在資訊量大的網頁中使用會導致連結設置太多，使用者在瀏覽過程中容易迷失方向，無法準確知道所處的訪問位置，因此，通常在資訊內容少，欄目層次簡單的頁面中才可完全使用星形結構。

從上述內容可以看出，不同類型的網頁應該有不同的結構形式，需要結合網頁的類型、資訊內容的多少與樹形、星形兩種網頁結構的特點進行細緻、完善、準確的網頁結構設計，提供高效的網頁瀏覽效率，同時為網頁的界面設計形成一個完善的框架基礎。

二、視覺表述──網頁的界面設計

（一）網頁界面概述

網頁界面，又稱網頁使用者界面，是指由設計師設計以後，透過瀏覽器讀取與顯示的網頁的視覺表現形態。進一步說，界面是網頁的外在表現形式，是設計師賦予網頁的新面孔。網頁界面不僅擔負網頁的資訊傳遞、形象塑造、情感表達等重要功能，更是使用者與網頁之間實現多元互動的唯一媒介，其重要性不言而喻。因此，優秀的界面形式不僅能提升網頁的關注度、充分體現網頁的氣質特點，還能使網頁的操作變得簡單、舒適與人性化。

網頁界面的設計是電腦科學與設計藝術學、心理學、認知學等相關學科的交叉研究領域，具有應用的可行性與學術的尖端性。近年來，隨著資訊技術與電腦技術的迅速發展，以網頁、軟體等界面為主的人機界面的設計與開發，已成為電腦科學界和設計科學界前景開闊、氣氛活躍的研究方向。因此，在今天資訊時代的大環境下，以使用者需求為中心的前提下，網頁的界面設計應該具備以功能的實現為基礎、以環境的適應為條件、以視覺的審美為重點、以情感的抒發為要求的四個重要特點。其次，從界面的組成結構來看，網頁界面主要由網頁形象、網頁導航與網頁圖標三個部分組成。

1. 網頁形象

網頁形象，是指存在於歡迎頁、首頁與各分支頁中，關於網頁主題形象的設計區域，由標誌形象、圖片形象或其他形象單獨構成或組合構成。在網頁界面中，網頁形象的作用非比尋常，良好的網頁形象設計是傳遞網頁資訊，建立網頁與使用者之間的信任感，增強網頁點擊率的重要手段。

在設計中，歡迎頁是網頁形象設計與展示的重要平台，它位於首頁之前，作用是以一個友好、信任的形象界面建立與使用者之間初步的視覺聯繫，建立首次印象並誘導使用者進一步訪問網頁，因此須將網頁主題以直觀、明確、有別於他人的視

網頁設計 Web Design

覺形象進行展現，同時配合設計相應的動態表現，營造網頁獨一無二的個性形象與氣質氛圍。在首頁與分支頁中，根據網頁版式布局的不同，形象板塊的位置編排也會有所不同，但必須將其置於使用者視線最易捕捉到的網頁界面的最佳視域，形成頁面的視覺中心點以及與其他頁面元素和諧共存的頁面層次關係。如圖 3-1 至圖 3-8，圖 3-2cordoba 動物園網頁使用標誌形象與圖片形象，組合而成簡潔直白的形象設計，結合動漫卡通的表現手法，營造栩栩如生的動物園網頁形象。

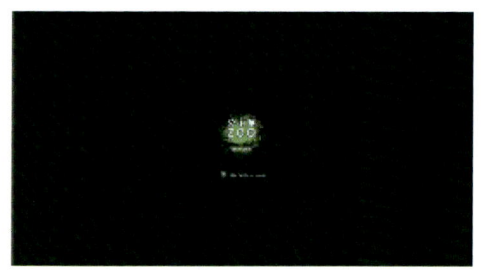

圖 3-2　www.zoo-cordoba.com.ar——歡迎頁

圖 3-3　www.ar2design.com——歡迎頁

圖 3-4　www.ar2design.com——首頁

圖 3-5　www.ar2design.com——分支頁

圖 3-6　電影《趙氏孤兒》——歡迎頁

圖 3-7　winestore-online.com——首頁

第二節 形式塑造——網頁設計的組成

圖 3-8　winestore-online.com——分支頁

2. 網頁導航

網頁導航，是網頁界面設計不可或缺的重要部分，無論你訪問什麼網頁，都會遇到各種各樣的網頁導航，這些網頁導航透過一定的技術手段，為訪問者提供多樣的訪問途徑，便於訪問者找到相應的內容。

網頁導航，貫穿整個網站的完整網頁指示系統，它是表達頁面與頁面之間、頁面與內容之間邏輯關係的唯一手段，是網頁結構設計的外在形式表現；同時，網頁導航還是展示網頁規模、資訊儲備、瀏覽方式的基礎運作系統。因此，一個科學而完整的網頁導航系統設計應該包括：全站導航、局部導航、輔助導航、上下文導航與友情導航等組成部分。

（1）全站導航

通常編排在頁面的最佳視域，大多數時候會同網頁形像一起作為整個網頁的視覺中心點出現。全站導航一般以靜態或動態圖片、圖文結合或 Flash 動畫的選單或欄目連結的形式出現，體現的是整個網站最主要的核心內容。

（2）局部導航

在全站導航的基礎上，提供一個樹形結構方式，幫助使用者更加深入地瀏覽網頁資訊。局部導航通常也是以靜態或動態圖片、圖文結合或 Flash 動畫的欄目連結形式出現，在編排層次上僅次於全站導航。

（3）輔助導航

提供全站導航和局部導航不能快速到達的重要內容，一個快捷訪問途徑，多以各種設計精美的靜態或動態圖標形式出現，造成突出與點綴視覺效果的作用。

（4）上下文導航

用於幫助使用者以翻閱的形式訪問一些包含多個頁面的內容項目，該類型導航一般以文本和數位連結形式出現。

（5）友情導航

主要用於一些使用者較少使用的資訊內容。這些導航在使用者需要的時候能夠提供快速有效的幫助，例如線上幫助、聯繫資訊等，基本以簡潔文字連結的形式出現。

優秀的網頁導航設計具備功能性與科學性、實用性與靈活性、藝術性與趣味性三個重要特徵。第一，網頁導航設計的功能性與科學性體現在網頁作為資訊傳播的媒體平台，一個功能全面、設置科學的網頁導航系統是滿足網頁資訊編列、傳遞、儲備的運作需求的重要基礎；第二，實用性與靈活性主要是指使用者對於網頁導航的操作與使用需求，在使用者訪問網頁的過程中，網頁導航操作的實用性與使用的靈活性將最大限度地提高使用者的訪問效

網頁設計 Web Design

率；第三，除了上述特點外，今天的網頁導航還需要具備形式的藝術性與表現的趣味性，網頁導航設計是網頁整體風格與形式構建不可或缺的重要部分，因此，富有審美藝術性的導航形式設計、寓趣味於變化之中的指令變化表現均是網頁導航設計的重點。最後，對於網頁導航設計需求的主次把握，我們應該遵循功能與藝術、實用與審美相結合的原則，不可犧牲網頁導航的功能性，一味追求複雜變化的審美形式，因為變化繁複的導航動畫在傳輸和顯示時，會將訪問者的耐性消磨殆盡。另外，統一與變化、突出與服從是網頁導航設計與網頁整體設計之間的關係原則。（圖 3-9 至圖 3-13）

圖 3-9　設計獨特的網頁導航

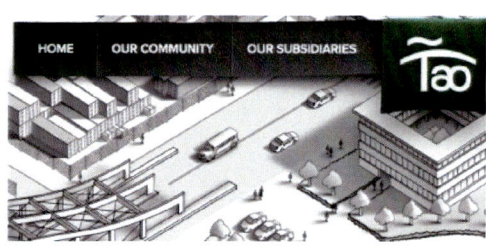

圖 3-10　設計獨特的網頁導航 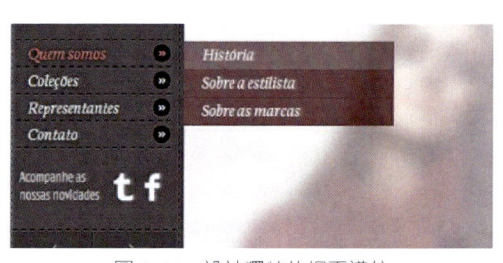　　　　　圖 3-11　設計獨特的網頁導航

第二節 形式塑造──網頁設計的組成

圖 3-12　www.ml-best.com──設計獨特的網頁導航

圖 3-13　ikea.event2.tw（宜家家居）──設計獨特的網頁導航

網頁設計 Web Design

第三章 元素碰撞、設計創新

3. 網頁圖標

圖標，在今天主要是指具有標識性質與功能作用的電腦圖形，分為軟體圖標與功能圖標兩大類。在網頁中使用的是圖標的第二種類型，存在於各種界面的功能圖標。界面功能圖標是一種小型可視控件，其功能主要是以提示引導的形式，讓使用者快速執行某種命令或打開相關網頁。除此之外，圖標還具有開關切換、信號模式與狀態指示等作用。

隨著時代的發展與技術的進步，以及使用者審美水準的不斷提高，圖標的形式美越來越受到重視。除了功能的作用，圖標還是網頁導航設計的一種重要表現形式，是網頁界面形式美不可或缺的重要組成部分。網頁中的圖標主要是由靜態圖片或動態對象構成，須具有較強的識別與指示功能，在設計中應該把握以下設計原則：首先，圖標的設計除了要考慮其靜態形式外，還要考慮其在鼠標指令下的變化形式，如外觀變化、大小變化、位置變化、色彩變化等，在動態圖標的設計中還需要斟酌圖標的過程變化；其次，圖標的形式設計一定要與網站的整體風格相匹配，既要具備形式的獨特性與注目性，又要與頁面保持協調統一的設計層次關係。（圖 3-14 至圖 3-17）

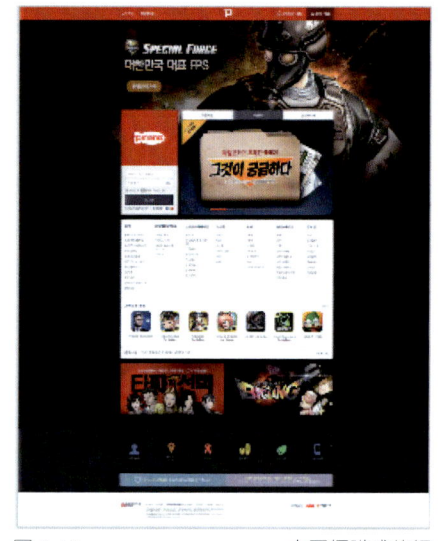

圖 3-15　www.pmang.com———由圖標購成的網頁導航

圖 3-16　mike-tucker.com———由圖標購成的網頁導航

圖 3-14　www.artandcode.eu———由圖標購成的網頁導航

圖 3-17　www.easonchan.net———由圖標購成的網頁導航

（二）網頁界面設計

網頁界面設計，是網頁設計師根據電腦技術與視覺傳達設計理論，針對網頁界面所實施的一系列設計過程。這個過程包括形象識別、尺寸規格、版式布局、色彩運用與元素聯想這五個相輔相成、不可分割的設計環節，五個環節共同作用，營造充滿藝術審美氣息的網頁界面。隨著時代的發展，網頁從早期的技術功能平台逐漸發展成了一個設計藝術舞台，網頁設計師們在這個舞台上不斷進行各種的元素碰撞與設計創新，面對時代發展與技術進步所帶來的各種挑戰，促進網頁設計一如既往地向前發展，永不停滯。

1. 形象識別

網頁，作為企業與商家形象塑造與資訊傳播的入口，首先，必須擁有一套獨特而明確的網頁形象識別系統，這是網頁區別同類競爭對手，營造匠心獨運、卓爾不群的風格氣質與形式表現的核心；其次，形象識別系統還是網頁品牌塑造的關鍵，因為在今天紛繁複雜、競爭激烈的網路市場中，品牌是網頁吸引使用者，並贏得使用者關注與青睞，屹立於網路市場的核心競爭力。

在網頁界面設計中，網頁形象識別系統包括以標誌為核心，由象徵圖形、標準文字與色彩體系共同組成的形象識別系統，這套系統通常在網頁設計前便已形成。因此，網頁的界面設計須以此為核心，遵循統一與變化的基本原則，一方面，以標誌為核心的形象識別系統，具有主導與統一各視覺設計要素的決定性力量，也是使用者心目中品牌與企業的象徵。另一方面，根據網頁的功能特點與設計特點，除了要與以標誌為核心的形象識別系統統一，更重要的是利用視覺元素組合變化的創新力量，設計出功能與藝術、實用與審美結合的網頁界面。（圖3-18、圖3-19）

形象是網頁界面的組成部分，其重要性無須再重複。但由於網站有多頁面組合的特點，除了單個頁面的形象識別外，同一網站的網頁整體形象識別也至關重要，這是網頁間有機聯繫、承上啟下的重要橋樑。因此，除了統一的標誌形象之外，還有以下三種設計方式能有效完成網頁形象識別。

網頁設計 Web Design

第三章 元素碰撞、設計創新

圖 3-18　www.dreamdriving.com.cn——標誌統一

圖 3-19　www.cuttherope.net——標誌統一

第二節 形式塑造——網頁設計的組成

（1）色彩統一

由於色彩具備事物與情感的象徵性、視覺與心理的暗示性等屬性，在網頁整體形象塑造中的重要性不言而喻。首先，標誌與形象識別系統中的標準色與輔助色是網頁設計的最佳色彩選擇，能夠在最大程度上統一網站內的各頁面，形成完整明確的網頁色彩形象識別；其次，統一的色彩體系還會賦予網頁獨特而鮮明的個性特徵。（圖 3-20、圖 3-21）

圖 3-20　www.petenottage.co.uk——色彩統一

圖 3-21　carolinawildjuice.com——色彩統一

網頁設計 Web Design

（2）版式統一　除了色彩統一外，版式統一也是統一網頁形象識別的有效設計手段。在網頁界面設計中，常見的一種版面形式是歡迎頁、首頁的版式不同，分支頁的版式統一。但也有少量網頁，或是因為主題與資訊內容高度統一，或是追求個性等原因，形成一種首頁、分支頁高度相似的版式結構，強化頁面間渾然一體的形象識別。（圖3-22）

圖 3-22　www.ehope.co.kr——版式統一

第二節 形式塑造——網頁設計的組成

（3）元素統一

在網頁界面設計中，如果因為主題與需求的差異而導致歡迎頁、首頁與分支頁在頁面版式與色彩設計方面無法統一，可運用風格與形式相同或相似的設計元素進行統一與呼應，營造和諧而系列感強的網頁界面。需要注意的是，作為貫穿整個網站頁面的設計元素須是能表現網頁主題，具有典型意義的符號、圖形、文字與相關裝飾元素。（圖 3-23、圖 3-24）

圖 3-23　2014 春節必看 de14 個錦囊（百度知道）——元素統一

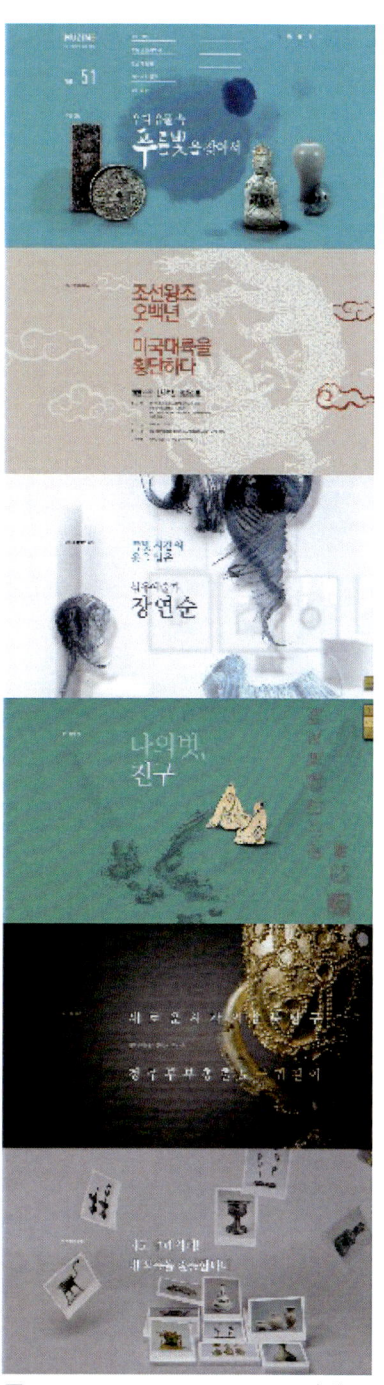

圖 3-24　www.muzine.go.kr——元素統一

至此，不得不再次強調的一點是，在網頁界面設計中，上述三種設計手法須以統一的標誌形象為核心，根據具體情況靈活使用，更多的時候是兩種或多種手法的結合使用，條修葉貫、主次分明，營造曲盡其妙、渾然一體的整體網頁風格與形象識別。

2. 尺寸規格

由於網頁依賴於顯示器與瀏覽器顯示的特點，因此不像報紙、雜誌、平面廣告等印刷品有固定尺寸的設置。網頁的尺寸由顯示器的大小與解析度的高低，減去瀏覽器邊緣所占面積三個要素決定，其中，網頁尺寸、顯示器和解析度成正比關係，顯示器越大，解析度越高，那麼網頁的尺寸就越大。因此，在設計中對網頁界面尺寸進行設定時，要考慮當前主流的顯示器與解析度以及瀏覽器的邊緣寬度，為網頁設置一個最佳的瀏覽尺寸，同時還可以在網頁中標註最佳瀏覽解析度，方便使用者獲得最佳瀏覽效果。

首先，所有網頁的顯示都被限制在瀏覽器的顯示框中，這個顯示框被稱作「螢幕」。那麼通常我們所指的網頁尺寸就是指的這個「螢幕」的尺寸，如顯示器解析度為 800×600 像素，那麼其「螢幕」的尺寸約為 778×434 像素；顯示器解析度為 1024×768 像素，那麼其「螢幕」的尺寸約為 1002×612 像素。當網頁界面以「螢幕」為單位，根據網頁所顯示的內容，通常對於歡迎頁與內容較少的頁面尺寸才設置為 1 螢幕，而對於內容較多的頁面，則不會將高度限制在 1 螢幕之內，因此，網頁的高度通常沒有固定值。同時，對於超過 1 螢幕的網頁，瀏覽器則會自動給出垂直滾動條以幫助使用者瀏覽，但如果網頁太長，超過了 3 螢幕，則需要在網頁中添加錨點連結或指示圖標，以便使用者有效瀏覽網頁，如圖 3-25 為高度超過 3 螢幕的 CK 官方網頁。

圖 3-25　www.calvinkleininc.cn——高度超過三個螢幕的超長網頁

第二節 形式塑造——網頁設計的組成

其次，為了保證頁面顯示與瀏覽的完整性，對於網頁界面寬度，其尺寸的設定有相應的規則。其一，當前主流顯示器均為 19 吋及以上的寬螢幕，不同的顯示尺寸其顯示的解析度也有所不同；其二，不同瀏覽器的左右邊緣的總寬度有不同程度的差異，例如：IE 是 21 像素，FireFox 是 19 像素，Opear 是 23 像素，等等。因此，我們可以舉例說明，當顯示器解析度為 1280×720 像素，瀏覽器為 Opear 時，網頁界面完整顯示的最大寬度應該是 1280 像素減去 23 像素，為 1257 像素。意思是在該解析度下，網頁界面寬度的設置不超過 1257 像素，即可在大部分主流瀏覽器中得到完全顯示。簡言之，為了頁面顯示的完整性，網頁界面的單螢幕最寬尺寸通常不應該超過顯示器寬度值減去瀏覽器邊緣寬度值的尺寸。當然，也有某些網頁由於自身的需要，將其界面寬度超出單螢幕的寬度尺寸，甚至由橫向多螢幕頁面組成，這時瀏覽器會出現水準滾動條以便使用者瀏覽，我們也可以透過設置網頁自動滾動，或提示左右滾動的圖標，給使用者方便。如圖 3-26 為寬度超過 3 螢幕的超寬網頁界面。

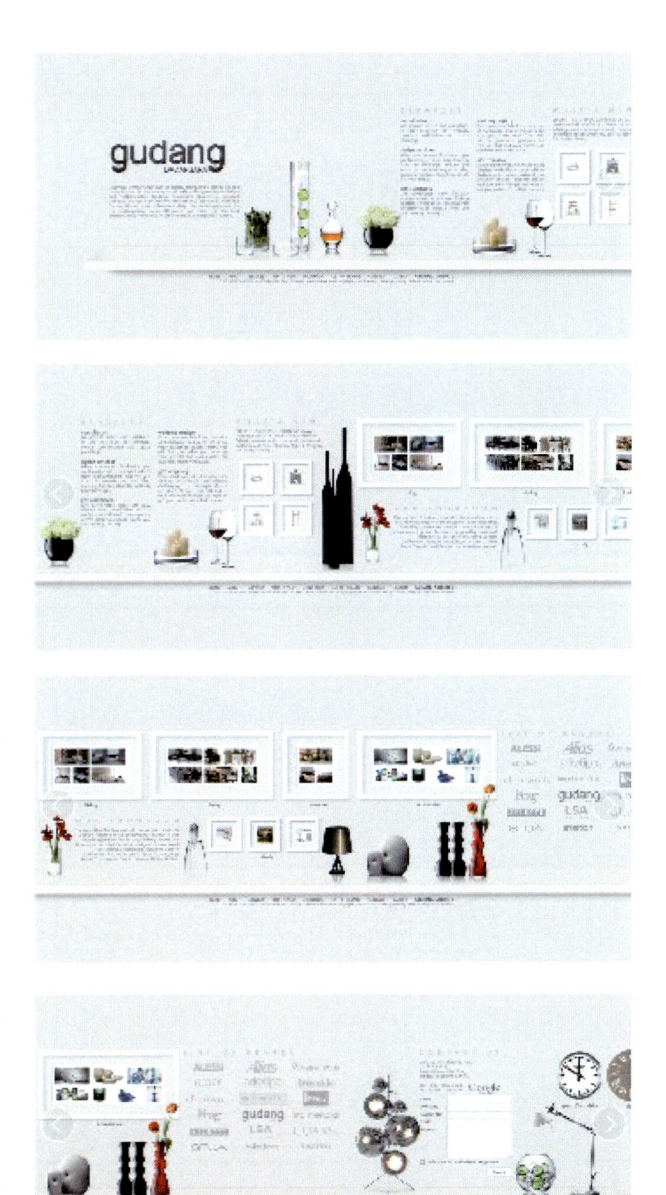

圖 3-26　www.gudanghome.com——寬度超過三個螢幕的超寬網頁

3. 版式布局

版式布局，網頁界面的形式基礎是決定網頁氣質風格與視覺表現的重要環節。為了實現有效的資訊編排與傳遞，並增強使用者的接受度和對資訊的識別，優良的版面安排是網頁的基礎；同時，不同的版式布局具備不同的性格特徵，是塑造網頁獨特個性的有效方式。因此，根據版式設計的視覺流程與形式美法則的相關理論知識，同時結合網頁設計的個性特點，可以將網頁的版式布局分為以下七種基本類型：

（1）理性分割

理性分割是一種常見的版面布局形式，廣泛應用於網頁的界面設計。理性分割是指，以水準線或垂直線分割網頁版面，形成的或橫向，或縱向，或橫縱結合的版面布局形式。首先，該版面形式能使網頁界面的資訊層次條理清晰，頁面結構主次分明。其次，橫向布局的網頁在理性中兼具恬靜與舒適，縱向布局的網頁在堅定與直觀中更加彰顯理性與別緻，而橫縱結合的版面布局則兼具了兩者的特點，在頁面層次上更加豐富，對於處理資訊量更大、層次更多的網頁更加得心應手。另外，該版面布局靈活易用，便於分別編排不同性質的資訊內容，圖片內容的活力感性與文字內容的理性平靜將使頁面呈現出豐富有序的視覺效果。因此，利用理性分割這種版式布局的可塑性和再造性，並結合不同的設計主題與風格，可以呈現理性多變、和諧有序的頁面風格與視覺效果。（圖3-27至圖3-32）

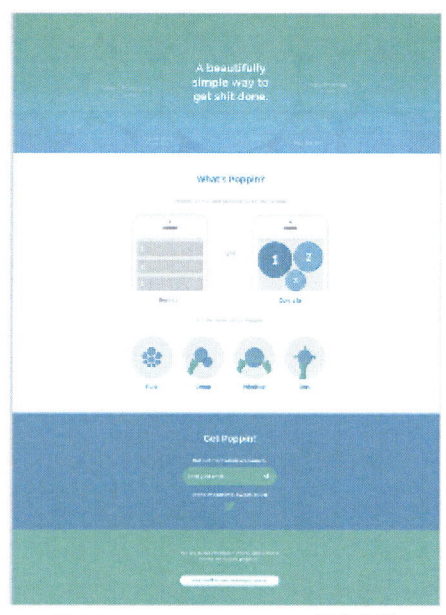

圖 3-27　www.poppin.io——橫向分割

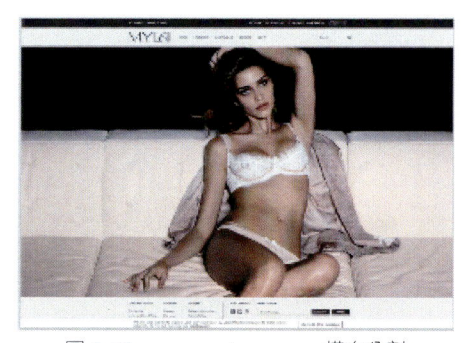

圖 3-28　www.myla.com——橫向分割

圖 3-29　familycar.hondakorea.co.kr——縱向分割

第二節 形式塑造——網頁設計的組成

圖 3-30 woodwork.nl——縱向分割

圖 3-31 www.3cuba.lv——橫縱結合分割

圖 3-32 www.ricetop10.com——橫縱結合分割

（2）滿版拓展

滿版，是指在網頁界面設計中以圖像布滿整個網頁版面。其他設計元素如標誌、符號與文字資訊等，以簡潔突出的形式置於圖片之上，形成對比強烈、舒展大方的視覺印象與風格。該版式布局從形式上看圖片是作為界面背景存在，但實為界面的主要訴求點，用於突出強調網頁的主題形象與個性特徵，增加頁面的視覺表現力。同時，由於圖片充滿整個頁面，使用者會形成一種無邊框的視覺印象，增加網頁界面的視覺寬度，營造一種開闊的網頁效果。因此，近年來很多追求個性表現與主題強化的網站在歡迎頁或首頁的設計中都選擇了這種獨特的版面布局形式，以獨一無二的主題圖像傳達資訊內容，彰顯品牌精神或個性特徵。（圖 3-33 至圖 3-36）

圖 3-33 www.rosagelee.de——滿版拓展

圖 3-34 www.kurumed-publishing.jp——滿版拓展

101

圖 3-35　maxcooper.net——滿版拓展

圖 3-36　www.alexarts.ru——滿版拓展

第二節 形式塑造——網頁設計的組成

（3）嚴謹對稱

對稱是一種被廣泛應用，而且歷久彌新的設計手法。隨著設計藝術的發展，對稱這種版面布局形式在網頁界面設計中得到進一步的昇華與拓展，愈發顯得現代時尚，煥發出新的設計藝術魅力。對稱這種版面形式是基於網頁界面的水準中軸線或垂直中軸線將版面分為上下或左右兩個視覺面積相等的部分，將相同類別的資訊內容依照不同的需求做垂直或水準方向的對稱排列，營造出一種嚴謹精緻的頁面視覺效果。同時，不同的對稱形式將給頁面帶來截然不同的視覺效果，垂直對稱排列的頁面，給使用者帶來或通透直觀，或莊嚴肅穆的視覺印象；水準對稱排列的頁面，則給使用者帶來穩定舒適，或平靜流暢的視覺感受。（圖 3-37 至圖 3-41）

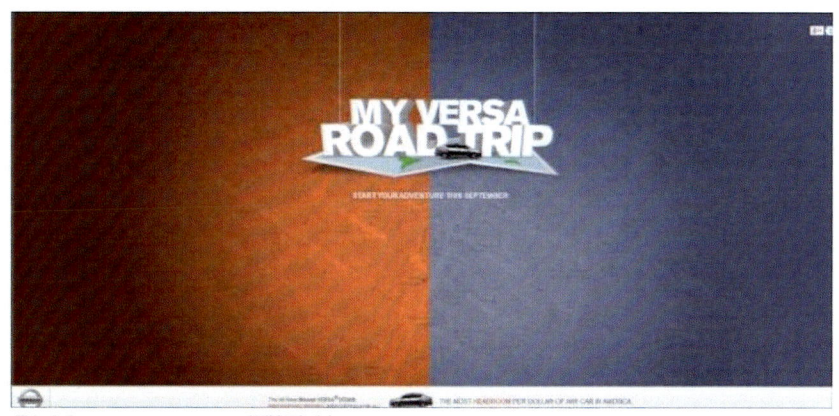

圖 3-3 7 www.myversaroadtrip.com——嚴謹對稱(垂直)

圖 3-3 8 birdman.ne.jp——嚴謹對稱(垂直)

圖 3-4 0 www.versacecollection.com——嚴謹對稱(水平)

圖 3-3 9 www.jointlondon.com——嚴謹對稱(垂直)

圖 3-4 1 www.tsred.com——嚴謹對稱(水平)

103

(4) 靈巧曲線

曲線，以其靈巧多變之姿，動感柔軟之態，成為版面編排的重要導向元素。在網頁界面的設計中，將主要的資訊內容以曲線形態進行編排布局，營造靈活巧妙的頁面效果。由於曲線形態的異同，頁面的視覺效果也有所不同。通常，網頁界面設計中較為常用的曲線型版式布局主要分為弧形曲線、波浪形曲線和自由形曲線三種類型。其中，弧形曲線版式布局的網頁界面開闊、包容、全面，能增強頁面視覺張力；而波浪形曲線布局的網頁界面靈巧、生動，是營造頁面節奏與韻律的重要手段；自由形曲線的版面布局則更加千變萬化，易於結合不同的設計主題，打造網頁界面形式表現的多元律動效果。（圖3-42至圖3-47）

圖 3-43　www.seaou.com——靈巧曲線（弧形）

圖 3-44　www.demisoda.co.kr——靈巧曲線（波浪形）

圖 3-45　www.aisspain.es——靈巧曲線（波浪形）

圖 3-46　www.quimeradiseno.com.ar——靈巧曲線（自由形）

圖 3-42　www.mediaengine.com.au——靈巧曲線（弧形）

圖 3-47　d.ballooner.com.hk——靈巧曲線（自由形）

第二節 形式塑造——網頁設計的組成

（5）傾斜動感

傾斜是一種能夠塑造強烈的頁面動態視覺效果，繼而形成強勢心理動態效應的版面布局形式，使用該版式布局的網頁界面能夠給使用者留下深刻的印象。簡言之，傾斜版式即是將頁面的主要資訊元素做傾斜編排，形成一種傾斜不穩定的頁面動感態勢。進而言之，傾斜形式的版面布局可透過傾斜的方向、角度等方面的變化，使頁面產生急促或緩慢、平坦或陡峭、穩定或顛倒等變化多樣的動態效果。因此，相比靜態的網頁布局形式，傾斜動感的頁面形式效果所帶來的力量變化將強化網頁在使用者心目中的視覺印象，促進網頁資訊的有效傳遞。（圖 3-48 至圖 3-52）

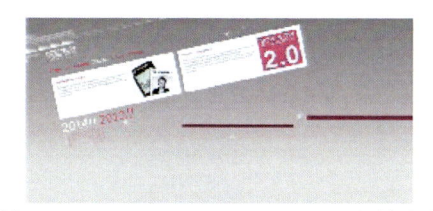

圖 3-48　www.bowwowlondon.com——傾斜動感

圖 3-49　www.etoilemecanique.com——傾斜動感

圖 3-50　www.owenshifflett.com——傾斜動感

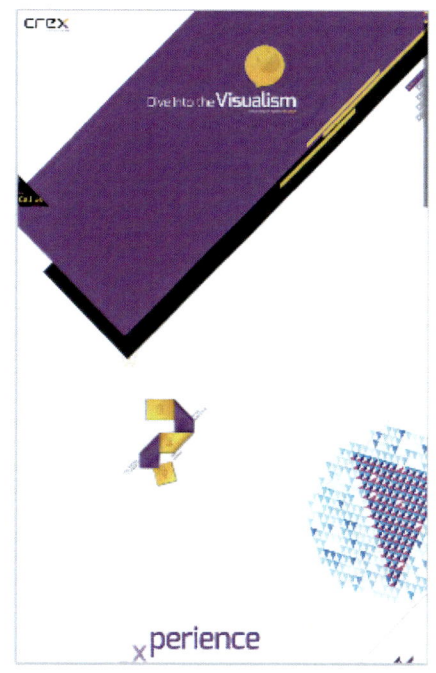

圖 3-51　www.thecrex.com——傾斜動感

圖 3-52　www.mindworks.gr——傾斜動感

105

網頁設計 Web Design

(6) 焦點注目

之所以稱之為焦點,是因為將網頁的主題資訊內容,透過設計有效地聚集在一起,編排置放在頁面的最佳視域,形成頁面的視覺焦點與使用者心中的心理焦點。焦點注目版面從組織與編排方面強化資訊內容的主體性,利用版面鮮明的對比層次關係,有意識地將使用者的目光聚焦,使頁面的主題形象更鮮明突出,資訊的傳遞更行之有效。同時,頁面視覺焦點的存在還會在頁面形成一種無形的吸引力,稱之為「視覺磁場」。視覺磁場的形成將有效引導其他視覺元素進行有目的性地排列,營造主次分明、井然有序的頁面層次關係。另外,在該版式布局的設計中,焦點的形式、色彩、編排的層次關係都決定頁面視覺效果的成敗。(圖 3-53 至圖 3-57)

圖 3-55 tvxq.smtown.com——焦點注目

圖 3-56 www.bembelembe.com——焦點注目

圖 3-53 www.donerland.co.kr——焦點注目

圖 3-54 breadbowl.dominos.co.kr——焦點注目

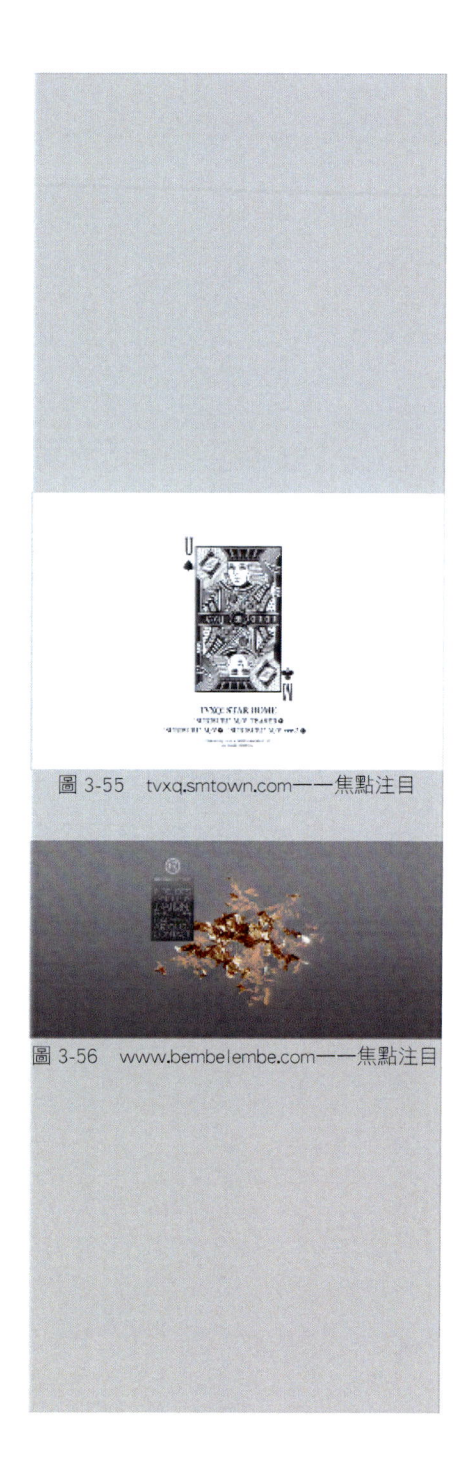

第二節 形式塑造——網頁設計的組成

（7）自由多元

除上述六種常見的網頁版面布局形式之外，還有一些不拘泥於任何規則與形式的版面布局類型。超越規律，摒棄秩序，追求無拘無束、自由輕鬆的風格訴求與新穎別緻、愉悅多元的視覺效果是這些版面布局形式的共同點。在這些版面布局中，隨意自由的風格與形式表現新鮮和喜悅，彰顯設計的創新精神。對於網頁版面布局形式的探尋永無止境，反覆嘗試將永遠是網頁版面設計創新的真理。（圖 3-58 至圖 3-64）

圖 3-58　justinqueso.org——自由多元

圖 3-59　a2platinum.umaman.com——自由多元

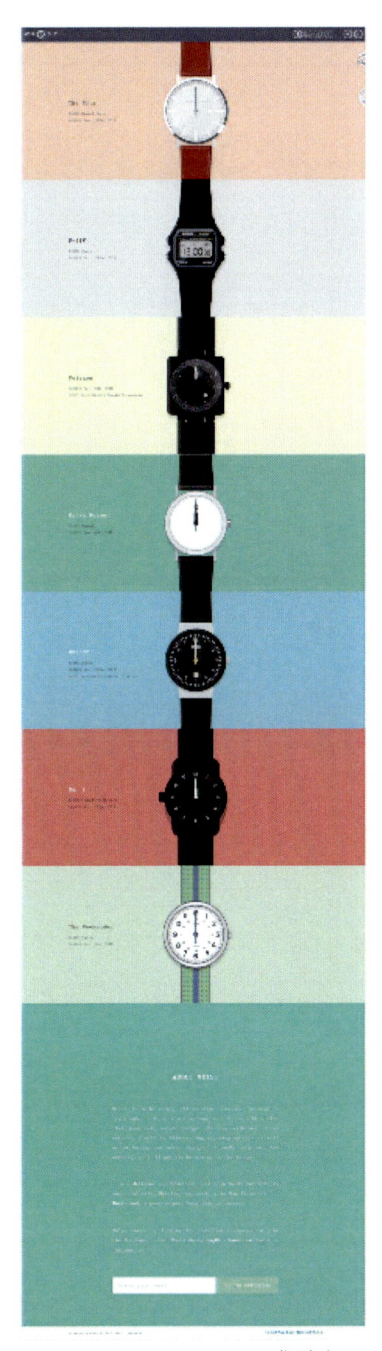

圖 3-57　www.wrist.im——焦點注目

圖 3-60　duplos.org——自由多元

107

圖 3-61　cozciebiewyrosnie.pl——自由多元

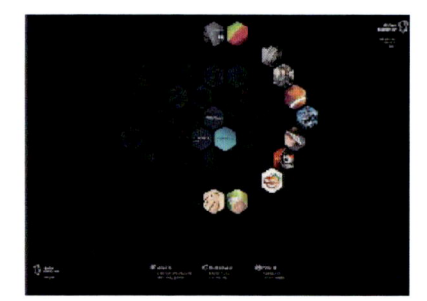

圖 3-62　gorohov.name——自由多元

圖 3-63　www.regalshoes.jp——自由多元

圖 3-64　www.summerfestival.be——自由多元

4. 色彩運用

網頁，一種基於電腦螢幕、瀏覽器顯示與表現的視覺媒體，其色彩的顯示機制與表現原理有別於傳統紙質媒體。同時，在網頁設計中，色彩不僅是網頁形象塑造與資訊傳達的重要手段，還是網頁界面表現的主要設計元素之一，其重要性不言而喻。因此，在設計網頁前，首先必須瞭解網頁的色彩顯示模式以及色彩的表示方法，在此基礎之上，結合網頁的設計特點，把握色彩的個性特徵與訴求原則，探求相關設計表現手法，做到瞭然於心、遊刃有餘。

（1）顯示模式

網頁色彩的顯示是基於電腦色彩空間所能輸出的色彩集合，因此，網頁設計所使用的色彩模式通常為 RGB 模式。需要明確的是，RGB 模式是電腦色彩顯示的物理模式，基於光的三原色 R（Red）、G（Green）、B（Blue）的混合產生，因此，所有螢幕顯示的圖像文件的色彩顯示均是基於 RGB 色彩模式。

通常情況下，RGB 各有 256 級亮度，用數字表示為 0～255。透過計算，256 級的 RGB 色彩總共能組合出約 1678 萬種色彩，即 $256×256×256 = 16777216$。因此 RGB 也被簡稱為 1600 萬色或千萬色，也稱為 24 位色（2 的 24 次方）。對於單獨的 R、G、B 而言，當數值為 0 時，代表這種顏色不發光；如果數值為 255，則該顏色為最高亮度。因此，純白色的 RGB 值為 R255，G255，B255，而純黑色的 RGB 值則是 R0，G0，B0。由此可知，RGB 的色彩混合方式是加法混合。在 RGB 模式

中，紅、綠、藍三原色在飽和度和亮度最高的時候的值分別是 R255、G0、B0，R0、G255、B0，R0、G0、B255；由於黃色並非光的三原色，是由紅色加綠色混合而成，其值為 R255、G255、B0。（圖3-65）

另外，在 RGB 模式中，網頁顏色還使用 16 進制顏色碼這種簡潔明了的方式進行表示。簡言之，十六進制顏色碼即是在軟體中設定顏色值的代碼，由 0～9，A～F 組成。其格式以「#」開始，R、G、B 的 16 位元進制數緊隨其後。例如，白色的 R、G、B 三個顏色的值都是最大值 255，其 16 進制代碼便是 #FFFFFF。黑色的三個顏色的值都是最小值 0，其 16 進制代碼則是 #000000。另外，在網頁設計中，網頁色彩除了使用 RGB 色彩值與 16 進制顏

色代碼外，還可以將其對應的色彩英文名稱作為代碼在 HTML 與 CSS 中使用。

在本章之後所附由 W3C 提供的網頁標準色彩表，包括色彩的英文名稱、Hex RGB、Decimal 與標準色樣，供大家參考使用。

除了 RGB 模式外，網頁設計還經常使用 HSB 色彩模式。該色彩模式的原理是使用色彩的三要素色相（Hue）、飽和度（Saturation）、明度（Brightness）構成。其中，H（色相）是指在 0～360°的標準色環上，按照角度值標識不同的顏色；S（飽和度）是用於表示色相中彩色成分所占的比例，使用 0（灰色）～100%（完全飽和）的百分比數值來度量標註；B（明度）是指顏色的明暗程度，通常是使用 0（黑）～100%（白）的百分比數值來度量標註。

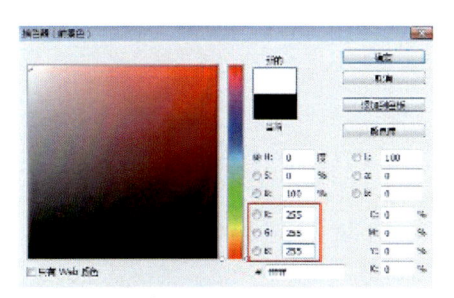

純白色： R255,G255,B255

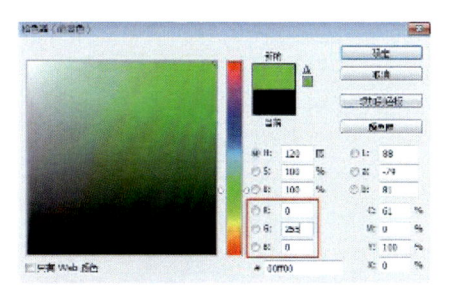

綠色： R0,G255,B0

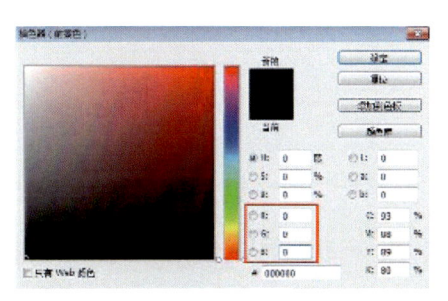

純黑色： R0,G0,B0

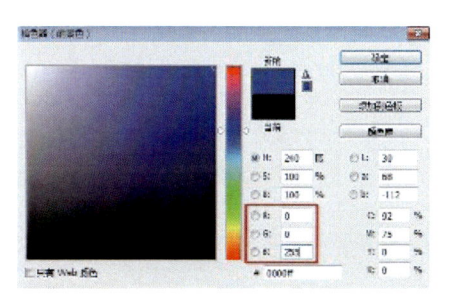

藍色： R0,G0,B255

網頁設計 Web Design

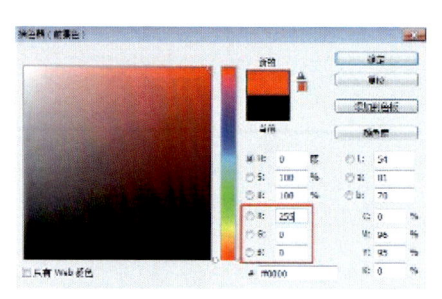

紅色：R255,G0,B0

黃色：R255,G255,B0

(2) 使用原則

在網頁設計中，色彩之所以作為界面風格營造與形式設計的主體要素，除了色彩本身的各項功能，色彩的個性特徵以及與網頁設計的關係原理十分重要。基於上述要點，在網頁界面設計中，色彩的使用應當滿足以下使用原則。

①獨特性原則

網頁獨特的色彩基調是區別於競爭對手的重要手段之一。因此，網頁色彩運用的首要使用原則即是確保網頁界面色彩表現的獨特性，藉助色彩先聲奪人的傳達力量，給使用者建立與眾不同、別具一格的網頁視覺印象，提升網頁對使用者的心理滲透。以下的案例是，百事可樂時尚前衛的藍紅色網頁基調，與可口可樂簡潔清爽的紅白色網頁基調之間的對比，兩者形成各自獨特的品牌形象識別對照；緊接著再欣賞奔馳汽車網頁的科技凝重之風與寶馬汽車網頁的動感自在之美，雖具備同樣理性的特徵，但一黑一白截然不同的色彩基調，互為比較，均能在使用者心中留下獨特而深刻的網頁與品牌印象。（圖3-66至圖3-69）

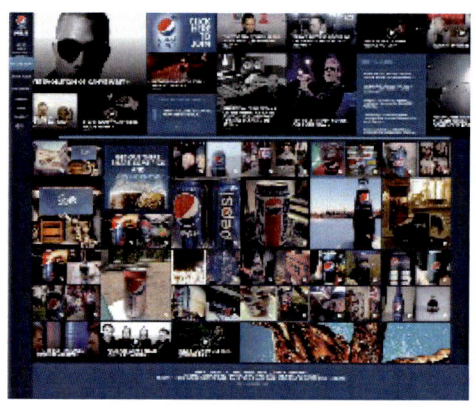

圖 3-66　www.pepsi.com——獨特性原則

圖 3-67　us.coca-cola.com——獨特性原則

第二節 形式塑造——網頁設計的組成

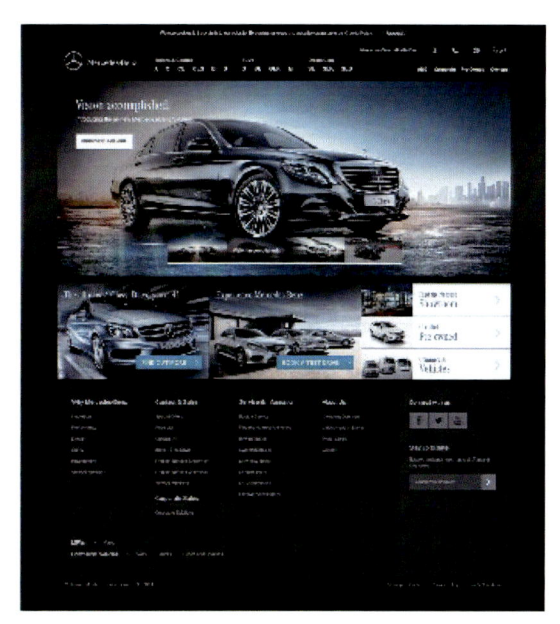

圖 3-68　mercedesbenzme.com——獨特性原則

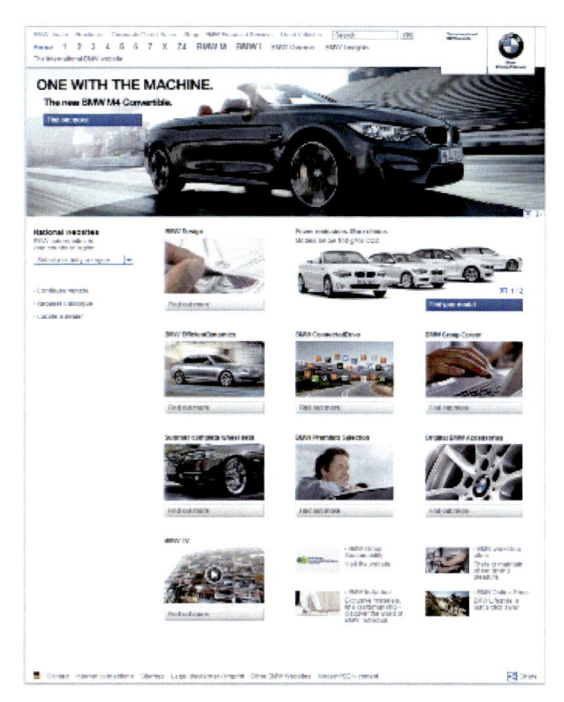

圖 3-69　www.bmw.com——獨特性原則

②適合性原則

除了獨特性原則外,在網頁界面設計中還應當遵循色彩使用的適合性原則,突出網頁界面設計中的風格、形式與色彩三者之間和諧統一的視覺關係表達。網頁色彩使用的適合性原則主要是指,色彩的使用首先要適合網頁的主題訴求與功能定位,其次要適合網頁所針對的使用者群體,最後還要適合網頁風格的定位與表現。因此,適合性原則的確立對於網頁色彩的選擇與控制提供了可行性依據,可以最大限度地避免網頁色彩的誤選與濫用。如圖3-70所示,簡約純粹的黑白灰基調內斂含蓄地彰顯著該品牌高爾夫器材的精湛品質;而在圖3-71網頁中,5幅色調不同的主題圖片在首頁中交替出現,不僅適合不同的產品表現與主題訴求,還給頁面增加了變化的動感。

圖 3-70　taylormadegolf.com——適合性原則

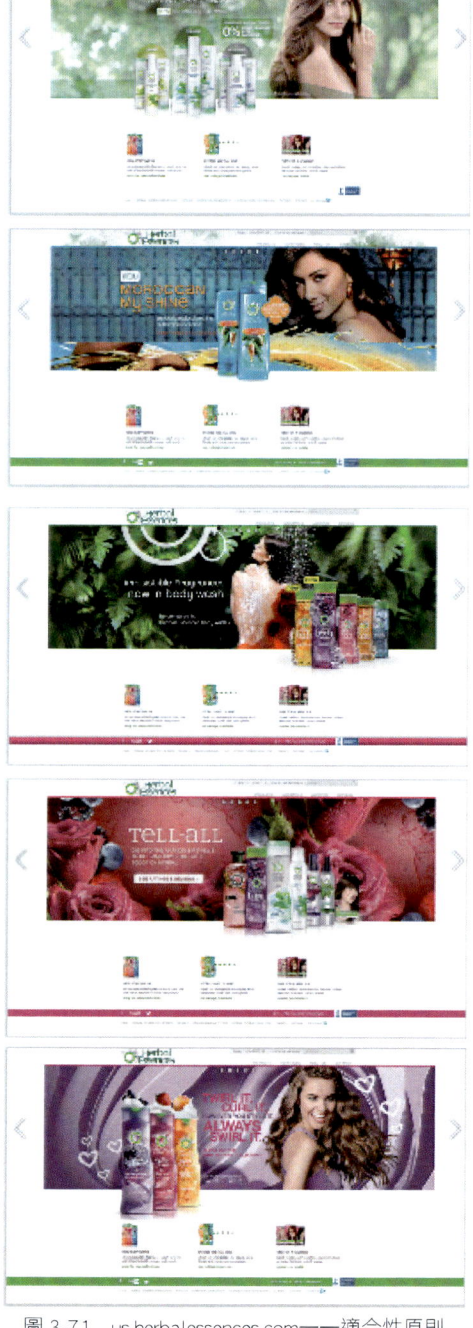

圖 3-71　us.herbalessences.com——適合性原則

第二節 形式塑造——網頁設計的組成

③象徵性原則

網頁色彩使用的象徵性原則，源於色彩對於人的心理作用，因為色彩除了作為設計要素的功能外，更重要的一點是色彩具備情感表達與意念傳遞的作用；同時受不同的地域、文化與信仰的影響，不同的色彩會產生不同的象徵意義。因此，在網頁界面設計中，利用色彩在不同文化背景中的不同象徵意義，營造風格氣質與形式表現各異的網頁效果，強化網頁界面的視覺張力，使得網頁精神理念的傳遞更加直接主動。如圖 3-72 所示，紅配黑是中國傳統文化與藝術的象徵，而中國會館旨在表達中國傳統風格建築形式，其網頁使用紅黑色彩基調再合適不過。在圖 3-73 網頁中，金黃色與深褐色搭配的基調象徵蜂蜜產品的高貴品質，給使用者形成明確而獨特的品牌與網頁印象。

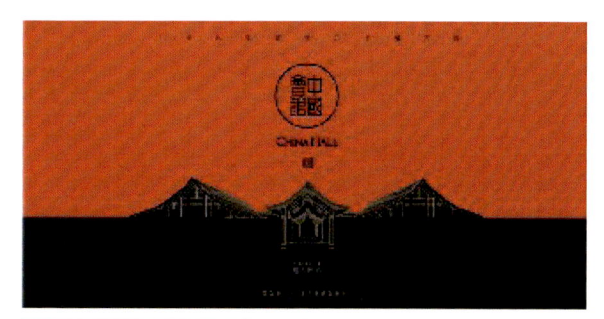

圖 3-72　www.scchinahall.com——象徵性原則

圖 3-73　www.dongsuhhoney.co.kr——象徵性原則

(3) 設計表達

在網頁界面設計中，色彩具備了版面劃分、層次明確、氛圍營造與關注提升等方面的作用。因此，在瞭解網頁色彩模式的前提下，明白網頁色彩使用原則的基礎上，網頁界面色彩的設計與表達將透過以下方法與手段來實現。

①印象建構

網頁印象是指使用者作為認知主體透過相關途徑對網頁形成的形象認知。色彩與色調資訊作用於使用者的視覺與心理，所形成的網頁色彩印象空間，是建構完整網頁印象的重要組成部分。因此，網頁色彩設計的第一步是根據色彩使用的獨特性與適合性原則，緊密結合網頁的主題與風格，考慮特定使用者群體對色彩的理解與偏好，為網頁量身定做獨一無二的界面色彩基調，形成完整、獨特的網頁色彩印象。

網頁的色彩基調是指選擇相關色彩，透過在色相、飽和度和明度三方面的搭配變化、共同參與所形成的一個三維色彩空間，用以表達相應的網頁主題、設計理念與性格情緒，是網頁印象構建的主要途徑之一。如圖 3-74 至圖 3-77 所示，在圖 3-74 中，沒有比這種藍綠色基調更適合建構關於太空與星球的主題印象了；而圖 3-75，網頁利用粉紅色的同類色，以及色彩的明度變化建構「母親節給媽媽送上一份特別的愛」這樣一個溫馨浪漫的網頁印象。

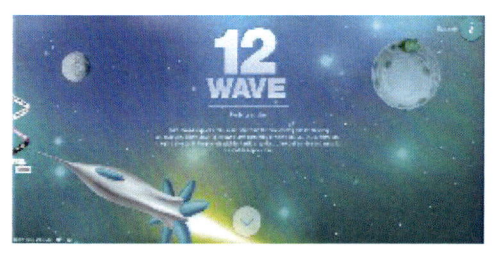

圖 3-74　12wave.com——色彩的印象建構

圖 3-75　www.dearmum.org——色彩的印象建構

第二節 形式塑造——網頁設計的組成

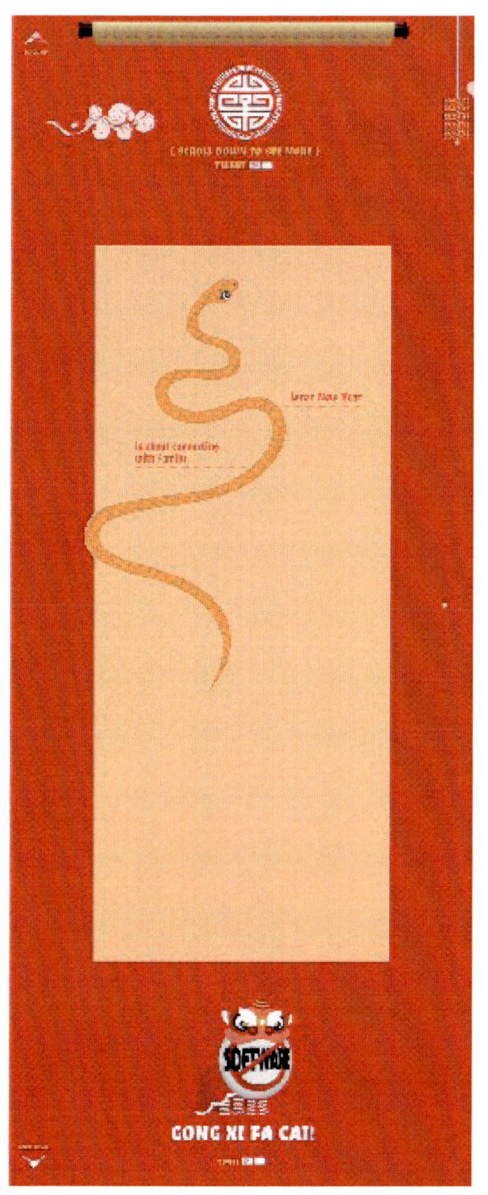

圖 3-76　www.salesforce.com——色彩的印象建構

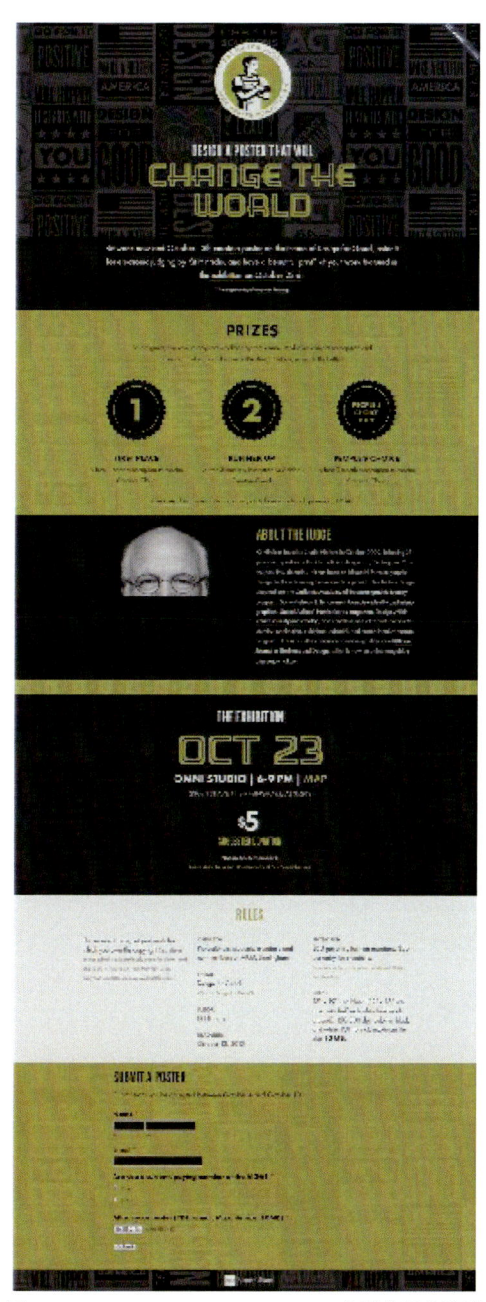

圖 3-77　designforgoodbham.com——色彩的印象建構

115

網頁設計 Web Design

第三章 元素碰撞、設計創新

圖 3-78　www.swimmingwithbabies.com——色彩的功能劃分

②功能劃分

確定網頁的色彩基調，形成較為完整的網頁色彩印象之後，需要對色調中的色彩進行功能劃分，確定色彩在網頁界面中的視覺層次關係。

在網頁色彩的功能劃分中，網頁色彩印象造成統籌規劃的重要作用，合理的色彩功能劃分能夠形成條理清晰的網頁色彩層次關係。根據需求的不同，可將色調中的色彩分為主體色彩、次要色彩、背景色彩、突出色彩與點綴色彩等形式，分別在網頁界面中起著不同的功能作用。如圖3-78 至圖 3-81 所示，圖 3-79 網頁大面積的綠色漸變同時擔當了網頁的主體顏色與背景顏色，與頁面主題元素的色彩形成了強烈的對比效果，增加了網頁的視覺衝擊力；在圖 3-81 中使用了不同層次的藍色分別擔當了主體色彩、次要色彩與背景色彩，其他顏色則作點綴，用於突出的導航條色彩、圖標和按鈕，頁面色彩關係顯得統一且層次分明。

圖 3-79　script.aculo.us——色彩的功能劃分

圖 3-80　fluxility.com——色彩的功能劃分

圖 3-81　www.swarovski.com——色彩的功能劃分

116

第二節 形式塑造——網頁設計的組成

③色彩編排

網頁色彩設計的最後一步，是利用色彩使用的形式美原則，對已設定好的色彩進行編排。由於網頁由多頁面組成，網頁色彩編排要兼顧單一頁面的色彩表現與各頁面間的色彩關係。因此，對比與協調、變化與統一是網頁色彩編排的總體原則。

對比與協調是指透過運用色彩在色相、純度、明度、冷暖和位置、數量、面積上的對比與協調，最終形成和諧舒適的網頁視覺美感。變化與統一則是指單獨網頁色彩變化與多個頁面色彩統一的關係原則。簡言之，兼顧個性的突出、確保整體的連貫，是網頁色彩編排必須遵循的準則與要求。在圖3-82芭比官網中，芭比經典唯美的玫紅色串聯起一個個色彩不同的網頁界面，四十餘年的經典形象與隨時代發展的多元風貌，在這變化與統一中顯現得淋漓盡致。如圖3-83所示，網頁中五彩色的張揚奪目從主頁延續到分支頁，卻又在白色背景中顯得俏皮精緻、悠然自得。

圖3-82　www.barbie.com——對比與協調、變化與統一　　圖3-83　br.havaianas.com——與協調、變化與對比

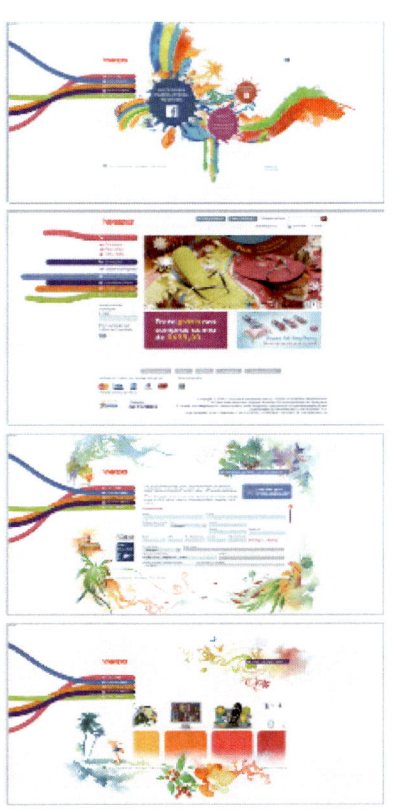

117

5. 元素聯想

在網頁界面設計中，出於需求與審美的目的，通常會使用各種各樣的設計元素。不同的設計元素所扮演的角色不一樣，承擔的功能也不一樣，需根據實際情況靈活運用。

（1）色塊

色塊以其多變的外觀形式、簡潔的性格情緒與廣泛的適應特性，成為網頁設計中最為常見的一種設計元素。色塊是一種抽象的設計元素，不同的形狀與色彩結合，在網頁設計中扮演著襯托主體、布局分區、層次明確、意境渲染等重要的角色形式。在具體的設計中，應結合不同的網頁主題，根據版面的需求，設計使用不同的色塊形式。其中，直線輪廓的色塊形式純粹而堅定，曲線輪廓的色塊則靈巧多變；面積較大的色塊直觀有力，能夠有力地主導頁面的形式布局，面積較小的色塊則具有類似符號的特點，顯得精巧雅緻，是資訊提示與頁面點綴不可或缺的重要設計元素。（圖3-84 至圖 3-89）

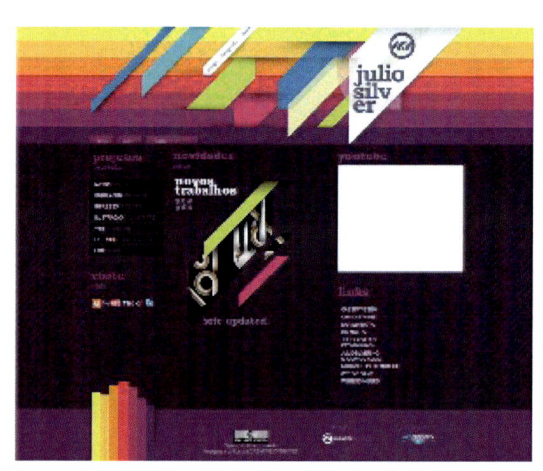

圖 3-84　juliosilver.com——色塊

圖 3-85　xn--grnnpose-64a.no——色塊

圖 3-86　www.unilever.co.kr——色塊

圖 3-87　www.jiayingdesign.com——色塊

第二節 形式塑造——網頁設計的組成

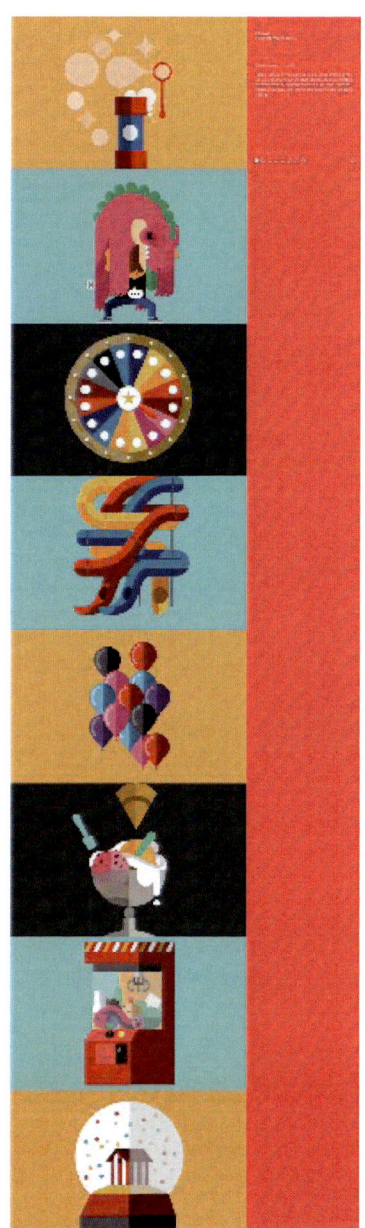

圖 3-88 pandra.ru——色塊

圖 3-89 volumes.madebyfieldwork.com——色塊

119

(2) 漸變

除了色塊，色彩漸變是另一個被廣泛使用在網頁界面中的設計元素。我們將色彩從色相、飽和度、明度以及透明度等方面的過渡變化稱為「漸變」。相比色塊的純粹簡潔，漸變表現的的細膩生動更有利於營造或柔和朦朧，或強烈刺激的頁面氛圍。在網頁設計中，漸變常用於網頁背景的設計與各種光澤、陰影、透明效果的表現，是塑造三維立體效果與表達特定材質特徵，豐富網頁視覺效果與頁面層次關係的重要手段。另外，由於漸變效果變化的多樣，結合不同的網頁主題與設計風格，易於塑造不同的頁面氛圍與情境，增強頁面的感染力。（圖 3-90 至圖 3-96）

圖 3-90　www.lecomptoirdumalt.fr——漸變

圖 3-91　music.heineken.com.tw——漸變

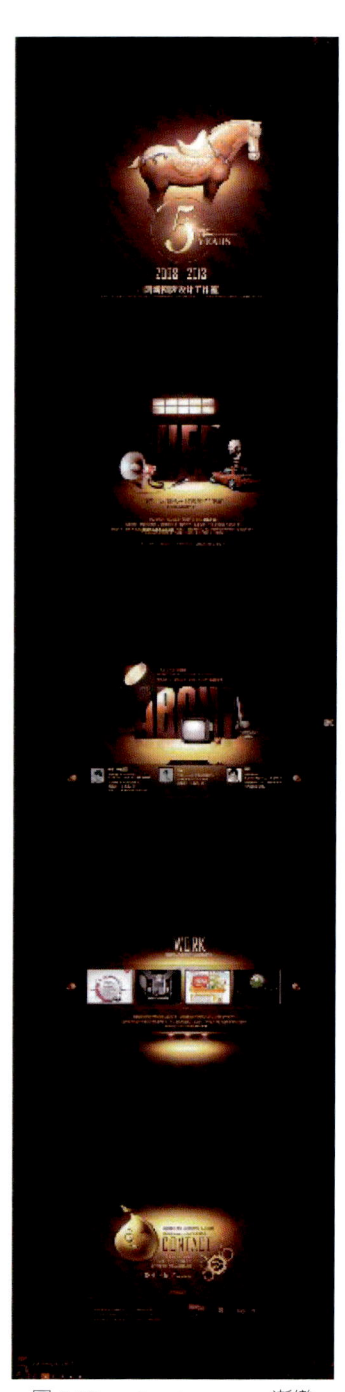

圖 3-92　axinweb.com——漸變

第二節 形式塑造——網頁設計的組成

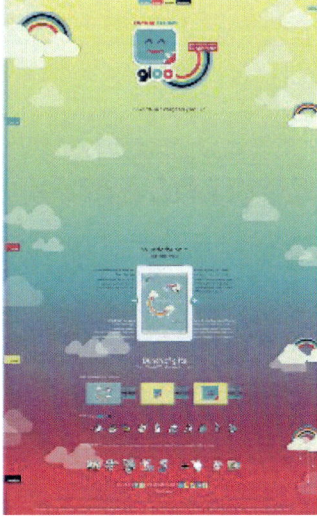

圖 3-93　web.burza.hr——漸變　　　圖 3-94　gloosticker.com——漸變

圖 3-95　prometheanit.com——漸變

圖 3-96　www.leyoweb.fr——漸變

網頁設計 Web Design

(3) 邊角

邊角，在網頁設計中通常用於定義對象的輪廓，常見的主要有直角、圓角、卷角與折角等形式。其中，矩形是圖片基本輪廓的形式基礎，直角是最為常見的邊角形式，具有使用廣泛與直觀、銳利等特徵；圓角是隨著設計藝術的發展而出現的一種新的邊角形式，因其圓潤簡潔的視覺效果而被廣泛應用，能給使用者帶來舒適婉約的；卷角和折角的使用則相對較少，作用是讓設計對象的一個或多個邊角產生捲曲或折疊的形式，最終形成類似於紙張的真實效果，造成提示資訊與活躍頁面氛圍的作用，從視覺上降低螢幕與使用者之間無法觸摸的距離感。除此之外，卷角與折角的使用還能給網頁帶來一種悄然的復古情趣，突出網頁的氣質與氛圍。（圖3-97至圖3-103）

圖3-97 www.inpi.fr——邊角(直角)

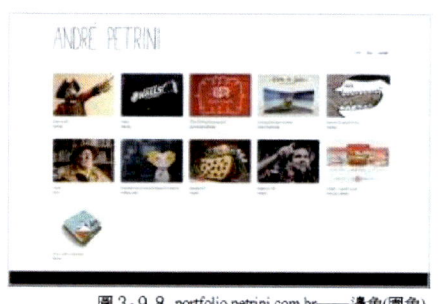

圖3-98 portfolio.petrini.com.br——邊角(圓角)

圖3-99 www.coca-cola.pl——邊角(圓角)

圖3-100 www.wendys.com——邊角(直角)

第二節 形式塑造——網頁設計的組成

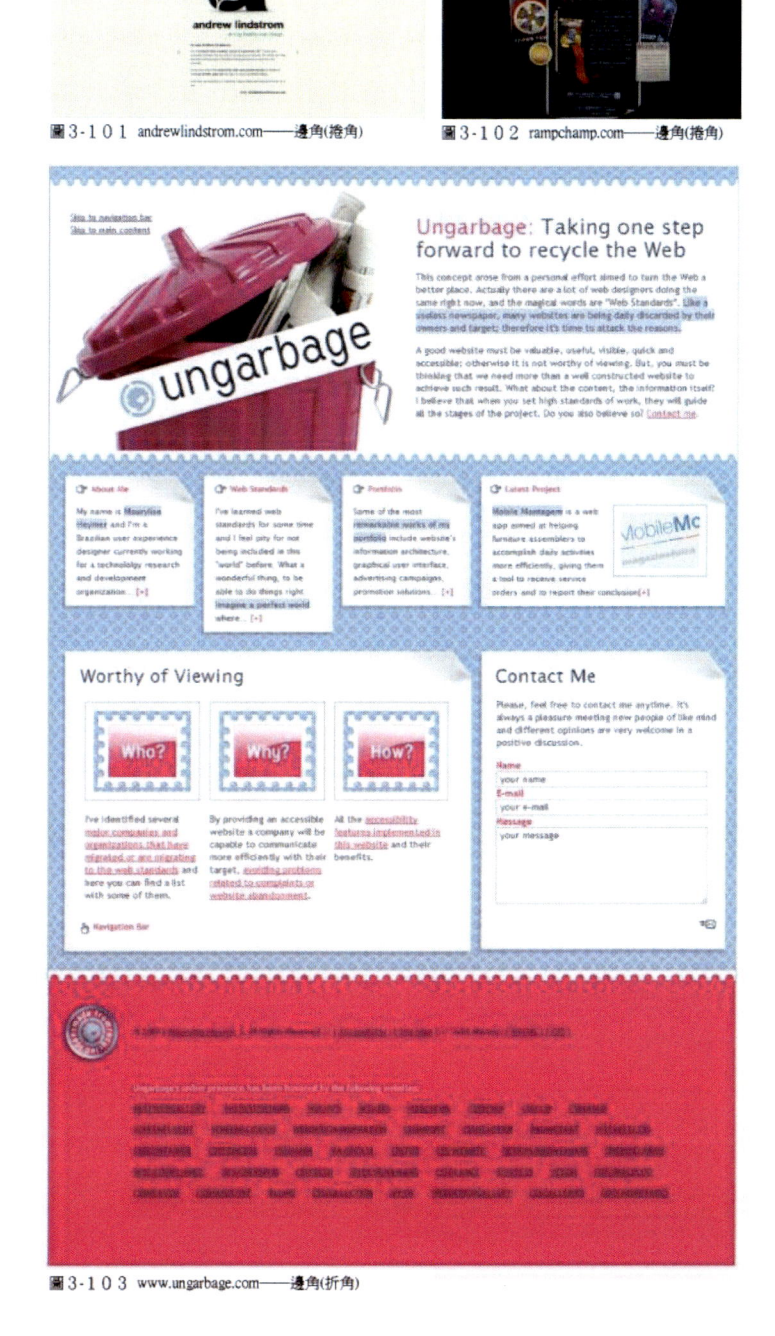

圖3-101 andrewlindstrom.com——邊角(捲角)

圖3-102 rampchamp.com——邊角(捲角)

圖3-103 www.ungarbage.com——邊角(折角)

123

網頁設計 Web Design

(4) 裝飾

自網頁設計成為視覺傳達設計大家族的一員之後，裝飾就作為重要的設計元素在網頁設計中被廣泛使用。裝飾元素主要分為具象裝飾元素與抽象裝飾元素兩種，其目的在於美化頁面、構建頁面風格，造就突出頁面主題與烘托情境的作用。因此，裝飾元素的創意表現應當結合網頁主題與設計風格，從自然、生活、歷史、文化與藝術中發現收集、提煉創新。同時要遵循「少即是多」的設計原則，在具體設計中做到適可而止，切勿喧賓奪主，破壞了網頁的版面層次和視覺平衡。（圖 3-104 至圖 3-111）

圖 3-104　www.nicolekidd.com——裝飾（具象）

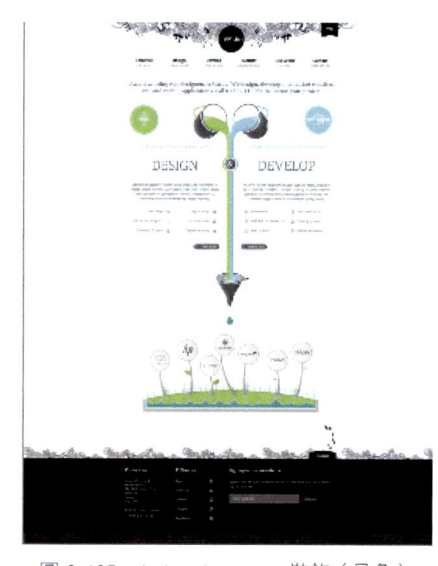

圖 3-105　1minus1.com——裝飾（具象）

圖 3-106　forbi.info——裝飾（抽象）

圖 3-107　www.culturalsolutions.co.uk——裝飾（抽象）

第二節 形式塑造──網頁設計的組成

圖 3-108　www.greenman.net──裝飾（具象）

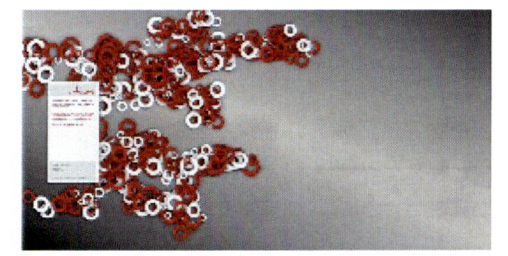

圖 3-109　www.urban-international.com──裝飾（抽象）

圖 3-110　www.millionokcps.com──裝飾（抽象）

圖 3-111　fixate.it──裝飾（具象）

125

網頁設計 Web Design

(5) 符號

符號在網頁設計中通常作為一種提示性與引導性的設計元素出現，其作用主要有資訊提示、閱讀引導、功能指示與突出點綴等。因此，符號的使用首先要滿足網頁資訊編排與版面形式的需求，強化符號用於提示與引導的功能需求，以便形成有條不紊的網頁結構框架與資訊層次，增加網頁資訊傳導的有序性。其次，符號的使用還需要滿足網頁的審美需求，在網頁風格的主導下，設計相應的符號形式，形成突出點綴、協調統一的視覺效果。因此，突出功能、強化審美，是網頁符號設計的不二原則。（圖3-112至圖3-117）

圖3-112　www.carsonified.com——符號

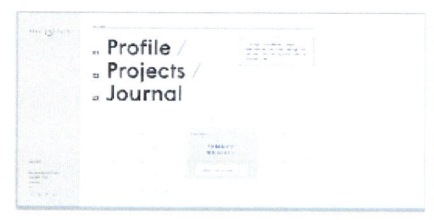

圖3-113　www.kylepenndesign.com——符號

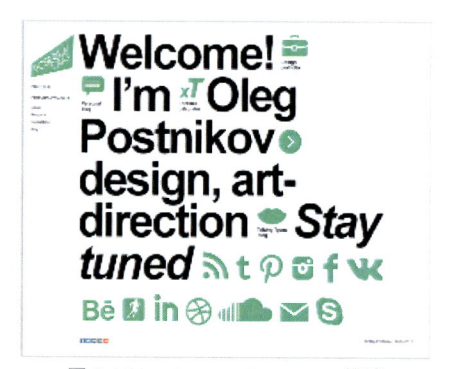

圖3-114　olegpostnikov.ru——符號

圖3-115　builtbybuffalo.com——符號

圖3-116　microsites.audiclub.cn——符號

第二節 形式塑造——網頁設計的組成

(6) 肌理

在網頁設計中，肌理元素的使用通常是為了增加網頁在視覺上的真實感、質量感和層次感，彰顯網頁形式表現的個性特徵，營造豐富多元的視覺效果。網頁中的肌理表現主要分為底紋與材質兩種類型，常用於網頁背景與資訊框架模組的設計，造成美化對象與裝飾頁面的作用。

需要注意的一點是，底紋與材質通常具有明確的外觀形式與風格特徵，通常在網頁中使用的面積不會太小，因此需要慎重選擇，並透過相關設計處理，使其能夠融入網頁的風格環境，造成襯托各類資訊元素的作用。因此，肌理在網頁設計中的使用須遵循適合與節制的原則，給使用者傳遞巧而精、形而神的設計韻味與精神氣質。（圖3-118至圖3-125）

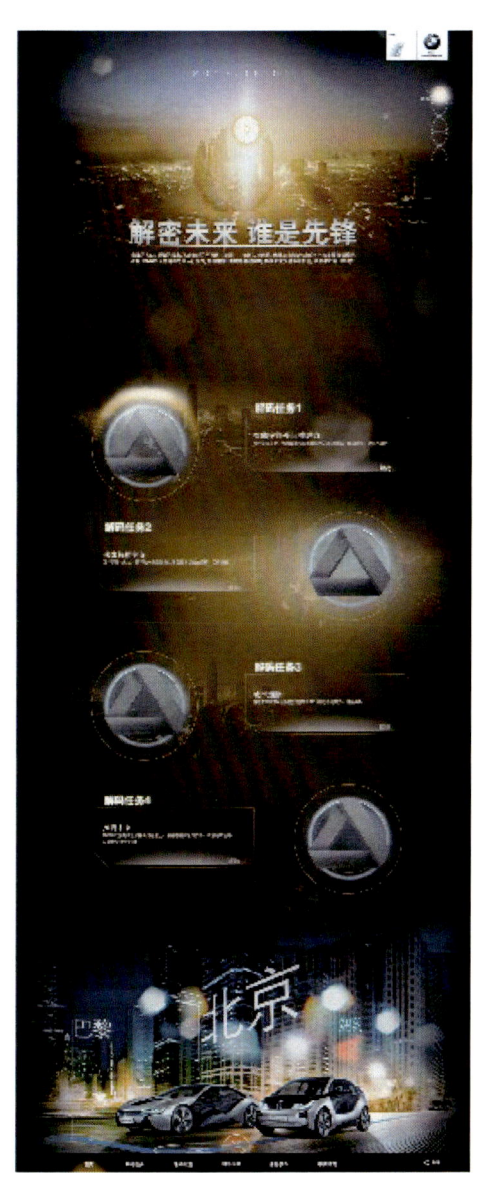

圖3-117　www.bmw.com.cn——符號

圖3-118　www.olawojtowicz.com——肌理（底紋）

127

網頁設計 Web Design

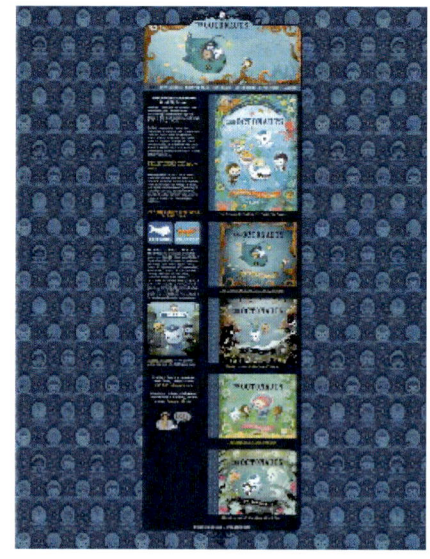

第三章 元素碰撞、設計創新

圖 3-119　www.octonauts.com——肌理（底紋）

圖 3-120　www.hetgroenteenfruitlab.nl——肌理（底紋）

圖 3-121　www.gymboree.com——肌理（底紋）

圖 3-122　www.shiftfwd.com——肌理（材質）

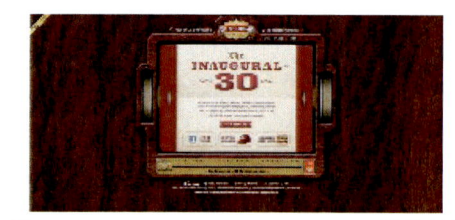

圖 3-123　www.cheeseandburger.com——肌理（材質）

圖 3-124　kinetictg.com——肌理（材質）

圖 3-125　www.gonatural.pt——肌理（材質）

第三節 規劃整編——網頁設計的流程

網頁設計，並非僅指網頁界面設計的環節，而是指網頁設計從項目策劃到設計製作，再到發布推廣的一個完整而嚴謹的流程。在網頁設計中，進行有條不紊的流程規劃是提高網頁設計工作效率的基礎。網頁設計的流程主要包括項目策劃、資訊組織、設計製作、測試發布、宣傳推廣、反饋完善六大流程。

一、項目策劃

在網頁設計項目策劃的階段，主要包括以下兩個環節的工作內容：

（一）明確網頁的類型功能

網頁設計的第一步，應當是明確該網頁的類型與功能，這是開展網頁設計後續工作的基礎。因此，須結合網頁要滿足的功能與用途，為網頁設定一個明確的類型，提供風格界定和內容組織精準的方向。

（二）定位網頁的設計方向

根據已確定的網頁類型，須為網頁策劃定位其界面外觀初步的風格形式、版面結構、色彩基調等方向性質的設計內容，形成一個較為完整的設計計劃與初步的網頁印象。

二、資訊組織

資訊組織是確定網頁所要裝載內容的環節。在這個環節中，資訊的類型與數量決定了網頁的規模與層次。

（一）設定資訊的結構框架

對資訊進行收集編排前，須先設定資訊內容的結構框架。首先，設定網頁的資訊項目組及其大小層次關係，形成網頁的基礎結構關係。其次，確定各頁面的主題、包含的資訊內容以及頁面之間的層次結構和隸屬關係。最後，還要考慮樹形結構之外頁面的交叉結構關係。

（二）組織編排資訊內容

在該環節中，首先是要篩選確定在網頁建設階段所必須且相對穩定並能長期使用的主體和骨幹資訊內容。其次，是將相關內容分門別類，分別歸入的資訊框架對應的項目組中，形成條理清晰、主次分明的資訊內容架構。

三、設計製作

網頁的設計製作要以項目策劃中已定位的設計方向為基礎，注重網頁界面形式的層次性與完整性，網頁技術運用的準確性與可行性，以功能齊全、形式個性的網頁為廣大使用者群體服務。該環節的具體內容已於本書第二章與第三章之中詳細敘述，故不再贅述。

四、測試發布

網頁設計製作完成後，應該對網頁進行全面的測試檢查再將其進行發布。網頁的測試發布包括網頁技術測試和網頁內容測試兩部分。網頁技術測試，是指對於網頁製作中所涉及的各項技術進行檢查與測試，確保網頁在客戶端的顯示效果準確和可操控。網頁內容測試，是指檢查核實網

頁內容是否裝載準確、歸屬到位，是否邏輯清晰，符合網頁的資訊訴求。經所有測試滿意後，網頁就可以上傳到相應的網路服務器上進行發布。

五、宣傳推廣

宣傳推廣是網頁設計流程中的一個重要環節，它為使用者開啟了網頁訪問的途徑，同時拓寬了網頁資訊反饋的渠道，真正實現網頁作為交互平台的意義。目前，網頁的宣傳推廣可以透過兩種主要途徑實現。其一，利用傳統媒體的力量進行宣傳推廣，例如：電視、報刊、型錄、廣告等媒介形式，可以在使用者心中形成初步的網頁印象；其二，利用網路的傳播力量進行推廣，例如：可藉助各類搜尋引擎做活動推廣，提高站點網頁在搜尋引擎中的搜尋率和排位率；其三，可在其他的網頁上投放旗幟廣告、設置友情連結，透過網頁之間的橫向交叉聯繫進行宣傳；其四，利用論壇和新聞討論組的交互傳播力量，提升網頁在使用者心目中的形象等有效的宣傳推廣方式。

六、反饋完善

網頁作為資訊傳播與交流的平台，其使用的長期性和資訊更新的高頻率使網頁必須利用各種反饋資訊，對自身進行不斷的完善與發展。網頁獲取資訊反饋的途徑主要包括：大量提供訪客調查和統計服務的專門網頁與後台程式，可以為網頁提供各種如訪問時間、IP 地址、國家地區等按不同時間週期與地點區域所統計的數據資訊；另外就是一些可以在網頁中使用的各種統計技術，常見的有留言板、論壇、調查表、計數器等，所獲得的使用者反饋資訊與數據能夠對網頁管理者與設計師評估和完善網頁提供最直接的意見和幫助。

第三節 規劃整編——網頁設計的流程

Color Name	Hex RGB	Decimal	Color
Lavenderblush	#FFF0F5	255,240,245	
Lightpink	#FFB6C1	255,182,193	
Pink	#FFC0CB	255,192,203	
Hotpink	#FF69B4	255,105,180	
Palevioletred	#DB7093	219,112,147	
Deeppink	#FF1493	255,20,147	
Mediumvioletred	#C71585	199,21,133	
Crimson	#DC143C	220,20,60	
Lavender	#E6E6FA	230,230,250	
Thistle	#D8BFD8	216,191,216	
Plum	#DDA0DD	221,160,221	
Violet	#EE82EE	238,130,238	
Orchid	#DA70D6	218,112,214	
Magenta	#FF00FF	255,0,255	
Fuchsia	#FF00FF	255,0,255	
Mediumorchid	#BA55D3	186,85,211	
Mediumpurple	#9370DB	147,112,219	
Blueviolet	#8A2BE2	138,43,226	
Darkviolet	#9400D3	148,0,211	
Darkorchid	#9932CC	153,50,204	
Darkmagenta	#8B008B	139,0,139	
Purple	#800080	128,0,128	
Indigo	#4B0082	75,0,130	
Aliceblue	#F0F8FF	240,248,255	
Azure	#F0FFFF	240,255,255	
Lightblue	#ADD8E6	173,216,230	
Powderblue	#B0E0E6	176,224,230	
Lightskyblue	#87CEFA	135,206,250	
Skyblue	#87CEEB	135,206,235	
Deepskyblue	#00BFFF	0,191,255	
Cornflowerblue	#6495ED	100,149,237	
Dodgerblue	#1E90FF	30,144,255	
Royalblue	#4169E1	65,105,225	
Lightsteelblue	#B0C4DE	176,196,222	
Cadetblue	#5F9EA0	95,158,160	

131

網頁設計 Web Design

第三章 元素碰撞、設計創新

Color Name	Hex RGB	Decimal	Color
Steelblue	#4682B4	70,130,180	
Lightslategray	#778899	119,136,153	
Slategray	#708090	112,128,144	
Mediumslateblue	#7B68EE	123,104,238	
Slateblue	#6A5ACD	106,90,205	
Darkslateblue	#483D8B	72,61,139	
Blue	#0000FF	0,0,255	
Mediumblue	#0000CD	0,0,205	
Midnightblue	#191970	25,25,112	
Darkblue	#00008B	0,0,139	
Navy	#000080	0,0,128	
Lightcyan	#E0FFFF	224,255,255	
Cyan	#00FFFF	0,255,255	
Darkslategray	#2F4F4F	47,79,79	
Darkcyan	#008B8B	0,139,139	
Teal	#008080	0,128,128	
Paleturquoise	#AFEEEE	175,238,238	
Aqua	#00FFFF	0,255,255	
Aquamarine	#7FFFD4	127,255,212	
Mediumaquamarine	#66CDAA	102,205,170	
Turquoise	#40E0D0	64,224,208	
Mediumturquoise	#48D1CC	72,209,204	
Darkturquoise	#00CED1	0,206,209	
Lightgreen	#90EE90	144,238,144	
Palegreen	#98FB98	152,251,152	
Mediumspringgreen	#00FA9A	0,250,154	
Springgreen	#00FF7F	0,255,127	
Lightseagreen	#20B2AA	32,178,170	
Seagreen	#2E8B57	46,139,87	
Mediumseagreen	#3CB371	60,179,113	
Darkseagreen	#8FBC8F	143,188,143	
Forestgreen	#228B22	34,139,34	
Green	#008000	0,128,0	
Darkgreen	#006400	0,100,0	
Lime	#00FF00	0,255,0	

Color Name	Hex RGB	Decimal	Color
Limegreen	#32CD32	50,205,50	
Lawngreen	#7CFC00	124,252,0	
Chartreuse	#7FFF00	127,255,0	
Greenyellow	#ADFF2F	173,255,47	
Yellowgreen	#9ACD32	154,205,50	
Lightyellow	#FFFFE0	255,255,224	
Cornsilk	#FFF8DC	255,248,220	
Beige	#F5F5DC	245,245,220	
Lightgoldenrodyellow	#FAFAD2	250,250,210	
Oldlace	#FDF5E6	253,245,230	
Linen	#FAF0E6	250,240,230	
Lemonchiffon	#FFFACD	255,250,205	
Papayawhip	#FFEFD5	255,239,213	
Blanchedalmond	#FFEBCD	255,235,205	
Bisque	#FFE4C4	255,228,196	
Wheat	#F5DEB3	245,222,179	
Moccasin	#FFE4B5	255,228,181	
Navajowhite	#FFDEAD	255,222,173	
Palegoldenrod	#EEE8AA	238,232,170	
Khaki	#F0E68C	240,230,140	
Darkkhaki	#BDB76B	189,183,107	
Yellow	#FFFF00	255,255,0	
Gold	#FFD700	255,215,0	
Goldenrod	#DAA520	218,165,32	
Darkgoldenrod	#B8860B	184,134,11	
Olive	#808000	128,128,0	
Olivedrab	#6B8E23	107,142,35	
Darkolivegreen	#556B2F	85,107,47	
Orange	#FFA500	255,165,0	
Tan	#D2B48C	210,180,140	
Burlywood	#DEB887	222,184,135	
Sandybrown	#F4A460	244,164,96	
Chocolate	#D2691E	210,105,30	
Peru	#CD853F	205,133,63	
Saddlebrown	#8B4513	139,69,19	

網頁設計 Web Design

第三章 元素碰撞、設計創新

Color Name	Hex RGB	Decimal	Color
Sienna	#A0522D	160,82,45	
Mistyrose	#FFE4E1	255,228,225	
Peachpuff	#FFDAB9	255,218,185	
Lightsalmon	#FFA07A	255,160,122	
Coral	#FF7F50	255,127,80	
Darkorange	#FF8C00	255,140,0	
Lightcoral	#F08080	240,128,128	
Rosybrown	#BC8F8F	188,143,143	
Indianred	#CD5C5C	205,92,92	
Salmon	#FA8072	250,128,114	
Darksalmon	#E9967A	233,150,122	
Tomato	#FF6347	255,99,71	
Orangered	#FF4500	255,69,0	
Red	#FF0000	255,0,0	
Brown	#A52A2A	165,42,42	
Firebrick	#B22222	178,34,34	
Darkred	#8B0000	139,0,0	
Maroon	#800000	128,0,0	
White	#FFFFFF	255,255,255	
Snow	#FFFAFA	255,250,250	
Floralwhite	#FFFAF0	255,250,240	
Ivory	#FFFFF0	255,255,240	
Seashell	#FFF5EE	255,245,238	
Mintcream	#F5FFFA	245,255,250	
Ghostwhite	#F8F8FF	248,248,255	
Honeydew	#F0FFF0	240,255,240	
Whitesmoke	#F5F5F5	245,245,245	
Antiquewhite	#FAEBD7	250,235,215	
Gainsboro	#DCDCDC	220,220,220	
Lightgrey	#D3D3D3	211,211,211	
Silver	#C0C0C0	192,192,192	
Darkgray	#A9A9A9	169,169,169	
Gray	#808080	128,128,128	
Dimgray	#696969	105,105,105	
Black	#000000	0,0,0	

134

第三節 規劃整編——網頁設計的流程

第四章 潮流玩轉、經典涅槃

第三節 規劃整編——網頁設計的流程

　　星月交輝、火花綻放，今天的網頁世界不斷上演一幕幕精妙絕倫的好戲。是誰創建這片誘人的領地，讓網頁成為真正意義上的設計平台？是誰開啟這扇眾妙之門，讓我們能夠領略網頁世界的多元精彩……

　　網頁以質樸的面貌悄然誕生以來，雖經歷了發展的週期轉折、曲折蜿蜒，卻始終以無法阻擋的拓展態勢昂首闊步、勇往直前。一直到今天，各式各樣不計其數的網頁風格形式此起彼伏、升騰跌宕，交相輝映在整個網路新世界。有的風格形式因為時光的洗禮、文化的積澱涅槃重生，煥發出歷久彌新的藝術光芒，成為新時代網頁設計的典範；有一些風格因為時代的發展與需求，帶著一絲稚嫩、一些羞澀匆匆而來，在網頁設計的大浪潮中慢慢成熟；還有一些網頁風格形式為了取悅小眾人群的喜好悄然興起、獨樹一幟；更有的網頁風格的出現是為了表現特定的主題需求；有的則是設計師個人情感的宣洩與流露……各式網頁風格燦然升起、悄然落幕，新舊交替、永不停止。

　　把握時代發展的脈絡，追溯歷史與文化的淵源，展望未來的發展趨勢，才能把握新時代網頁設計的標準。因此，以欣賞的態度看待前人的網頁作品，熱忱地尋找現代網頁設計的源泉與靈感，為現在與未來，設計出更好的網頁作品。

第一節 新時代、新需求與新網頁

時代的進步、需求的轉變是網頁發展變化的核心，今天的網頁正向著一個類型多元、功能完善與藝術審美的方向發展。結合網頁的特點與設計藝術的原理，探討在新時代與新需求的前提下，要設計符合時代發展與滿足社會、市場、使用者三位一體需求的新網頁，應該滿足以下三個方面的原則與標準：

一、風格與氣質——形神兼備

網頁因為不同的風格與氣質被使用者記憶與認知。風格是網頁呈現的典型性與代表性；而氣質是網頁主題與風格面貌結合而產生的的精神彰顯。網頁風格的成熟與多元化發展，表示網頁設計擺脫了模式化的束縛，真正成長為反映時代、使用者群體與設計師個人的思想觀念、精神氣質與審美理想等內在特性的設計藝術形式。

形神兼備，是對網頁的風格與氣質提出的要求與標準。在網頁設計中，形神兼備的風格與氣質源於對網頁主題的準確把握，源於對理念定位的精準傳達，源於對設計形式的熟練運用，沒有刻意，沒有造作，是探索與研究後的展現，也是網頁設計成果與智慧的真實呈現。（圖 4-1 至圖 4-4）

第一節 新時代、新需求與新網頁

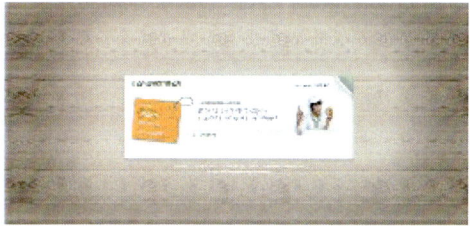

圖 4-2 www.dunkindonuts.co.kr——形神兼備的風格與氣質

圖 4-3 豐田花冠——形神兼備的風格與氣質

圖 4-1 www.yogy.be——形神兼備的風格與氣質

圖 4-4 help.children.org.tw——形神兼備的風格與氣質

139

二、內容與形式——渾然一體

　　內容是網頁資訊傳達的核心，是網頁多種資訊元素的總和，制約網頁形式的設計與表現。形式是裝載內容的結構框架，由各種設計語言組合而成，是網頁資訊內容與使用者溝通的橋樑。網頁的形式表現隨著網頁風格的發展日漸多元，更多優秀的表現手法層出不窮，拓展了網頁資訊內容的展示渠道。

　　渾然一體是對網頁內容與形式唇齒相依、水乳交融的經典概括，是透過一系列設計過程，最終形成二者和諧統一的結果。在網頁設計中，首先必須對網頁主題與資訊內容有全面而細緻的瞭解，然後對資訊內容進行層層分析、分類列表，形成完整有序的內容資訊系統；其次，在網頁風格的指導下，有條不紊地利用形式的語言與手段為內容服務，塑造主題突出、資訊明了、形式獨特、個性彰顯的網頁新境界。（圖4-5至圖4-7）

圖 4-5　www.rays-lab.com——渾然一體的內容與形式

第一節 新時代、新需求與新網頁

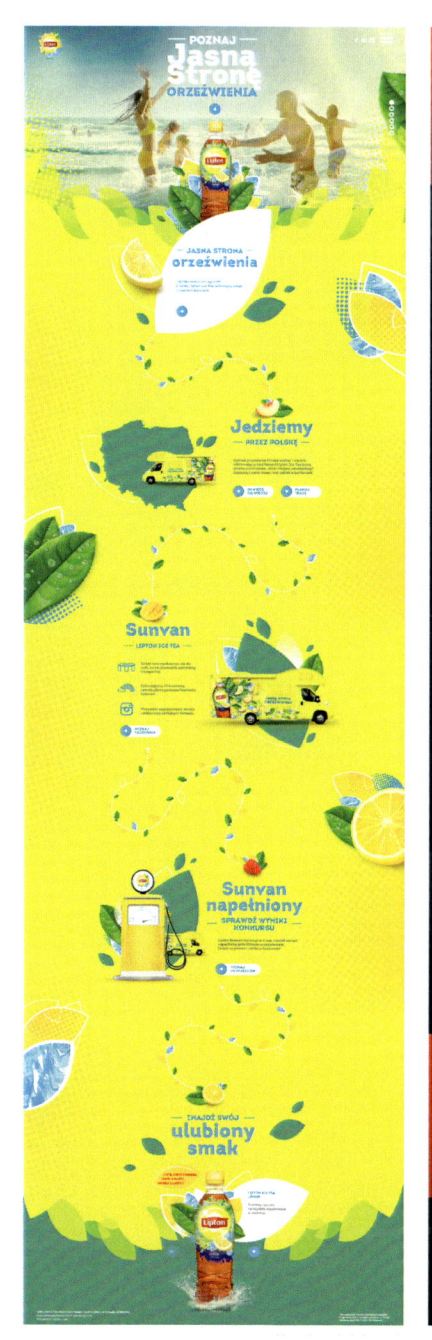

圖 4-6　kierunekorzezwienie.pl——渾然一體的內容與形式

圖 4-7　www.getsooshi.com——渾然一體的內容與形式

網頁設計 Web Design

三、互動與體驗——多元完美

　　互動與體驗是網頁賦予使用者的主要功能與操控感受，是使用者感受網頁魅力的唯一途徑。互動是體驗的基礎，是使用者因為對網頁的某種需求以及具備共同或相似的價值理念而產生，二者之間使彼此發生作用或變化的過程。體驗則是互動給使用者留下的操控感受，感受的好壞取決於互動的過程與結果。

　　在網頁中，與使用者之間的互動應該是形式多元、過程高效、結果滿意，三個方面缺一不可。然而，多元的互動形式並非面面俱到、事無巨細，而是以需求為中心，化繁為簡，結合網頁的主題與功能，設計滿足使用者需求的多元互動形式，為使用者創造盡可能完美的網頁體驗。（圖4-8至圖4-11）

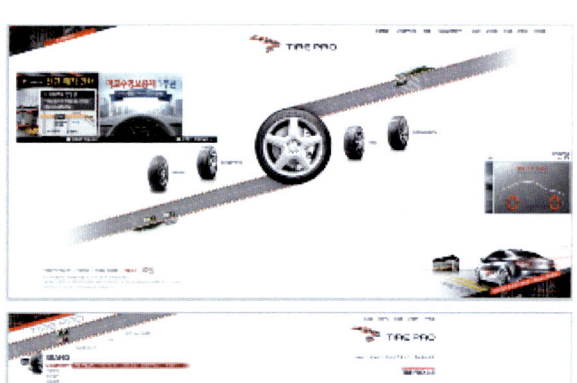

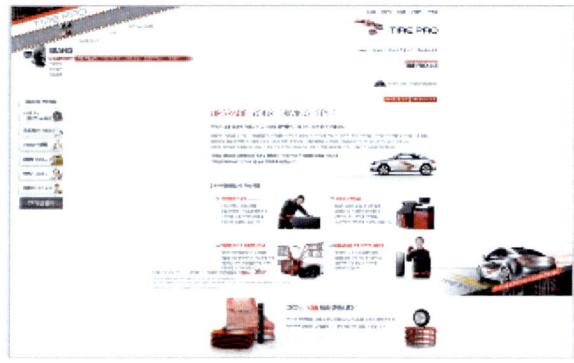

圖4-8　www.tirepro.co.kr——多元完美的互動與體驗

圖4-9　www.evanshalshaw.com——多元完美的互動與體驗

圖4-10　www.wandoujia.com——多元完美的互動與體驗

圖 4-11　www.donga-otsuka.co.kr——多元完美的互動與體驗

第二節 觸摸網頁新境界

當簡約成為永恆，傳統煥發時代的新姿；當懷舊變得刻骨銘心，抽象成為新的審美追求；當手繪的溫情滲入冰冷的網路與電腦，材質的溫馨悄然打動心扉；當設計回歸純粹，理念彰顯環保；當淡泊成為一種心境，謙和成為一種品性；當秩序成為一種規範，追求隨性的腳步卻從未停止；當追求真實與自然成為一種趨勢，對未來的幻想也將愈演愈烈；當奢華的光芒不斷擴大，兒時的情節卻肆意蔓延；當不著瑕疵的唯美彷彿遙不可及的時候，混搭卻帶著平實的親切成為一種隨處可見的潮流……

全情投入、愜意感受，是靜心品茗的關鍵。今天的網頁新境界呈現出一派精彩紛呈、多元交融的新景象，不僅是視野中的應接不暇、酣暢淋漓，還是多元感官與觸覺操控的完美體驗。

接下來，就讓我們一起進入這神奇的網頁新世界，淪陷在五光十色、變幻莫測之中。

一、簡約時尚

簡約一詞，原本形容生活的節儉。隨著時代的進步，「簡約」被賦予了更多的含義，除了可以表達經過提煉的言辭簡潔，在網頁設計領域，「簡約」通常被用於形容精約簡要、單純明快、詞少意多的網頁設計風格。進一步而言，簡約是時尚，是永恆，是適用於當代大部分網頁需求與表現的風格設計形式，是網頁設計發展的一種主流趨勢。

首先，簡潔精緻的外觀形式、明確有序的版面層次、和諧雅緻的色彩表現是簡約時尚網頁的特點，其中呈現出含蓄內斂的性格特徵與氣質基調，使各種不同類別的資訊要素與設計元素得到更好的兼容與突出；其次，簡約時尚風格因其沒有過多的裝飾內容，易與不同的品牌和產品形象結合，形成多樣化的網頁表現形式；再次，簡約時尚的網頁形式適應面廣泛，能迎合廣大使用者群體的審美品位與需求，具有大眾化、多元化等特點，是目前最主流的網頁風格形式；最後，需要強調的一點是，簡約時尚風格的表現絕不是對對象的簡單摹寫，也不是膚淺的觀念內涵傳達，而是圍繞網頁的主題訴求與簡約的風格形式，運用相關設計手法提煉與創新。（圖4-12至圖4-18）

圖4-12　www.twofold.com——簡約時尚

第二節 觸摸網頁新境界

圖 4-13　icorinc.com——簡約時尚

圖 4-16　duskatthemansion.com——簡約時尚

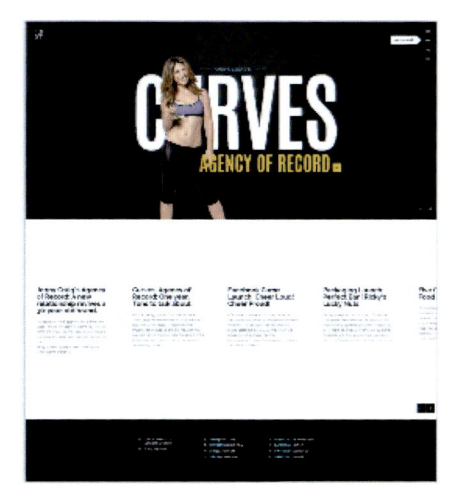

圖 4-14　lrxd.com——簡約時尚

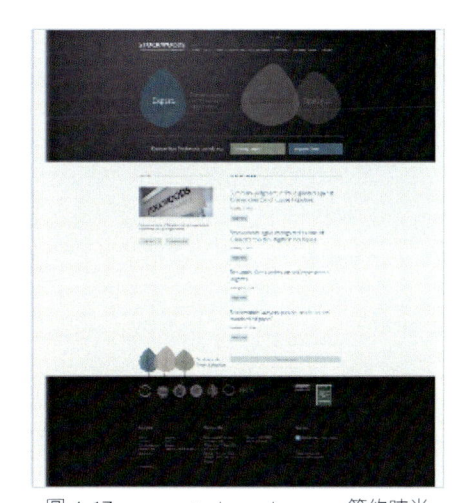

圖 4-17　www.stockwoods.ca——簡約時尚

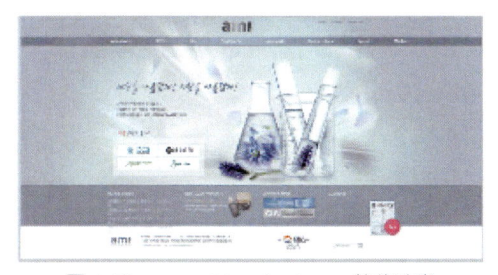

圖 4-18　www.skinami.co.kr——簡約時尚

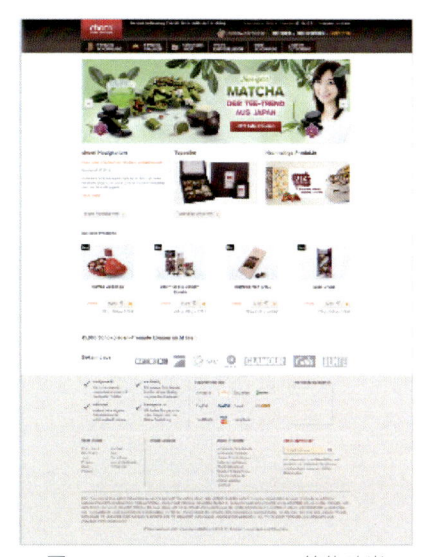

圖 4-15　www.chocri.de——簡約時尚

145

網頁設計 Web Design

二、寫實多次元

寫實，本意指如實描繪事物，後演變為一種藝術風格。在網頁設計中，寫實風格是設計的語言形式，主要有圖像語言與立體語言兩種，圖像語言主要是指，將具有視覺美感與表現主題個性特徵的圖片進行創意設計，使其成為網頁界面最主要的訴求元素與表達力量。在圖像語言張揚而強大的操控力之下，頁面的其他元素應該簡潔而單純，襯托圖像語言，共同營造真實、自然的界面效果。一般而言，作為網頁主要的訴求點，圖像語言通常使用兩種形式，第一是利用圖片作為網頁的背景；第二是圖片占據頁面的最佳視域並擁有較大的面積比例，形成頁面的視覺中心。

立體語言在網頁設計中的運用早已屢見不鮮，利用人的錯視將元素從二次元提升到三次元的視覺效果，拓寬了視覺藝術設計的表現空間。首先，立體語言在網頁中得到廣泛的應用是源於網頁顯示平台與技術的迅猛發展，使得三次元立體及更多的顯示需求成為可能；其次，立體語言的運用使網頁的空間層次更豐富，使用者的視野變得更加開闊，網頁的總體視覺效果更加真實生動。因此，在網頁設計中，重疊、投影、透視、漸變、光影等元素的巧妙運用是三次元語言表達的重要方式與手段，在網頁界面中進行大面積運用或局部點綴表現，都將營造出出色的網頁效果。（圖4-19至圖4-25）

圖4-20　www.seafoodrevolution.com——寫實多維

圖4-21　www.heinz.com——寫實多維

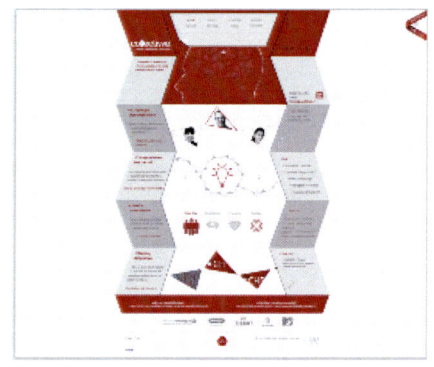

圖4-22　www.collectiwe.it——寫實多維

圖4-19　www.fijiwater.com——寫實多維

第二節 觸摸網頁新境界

圖 4-24　milkshirts.com――寫實多維

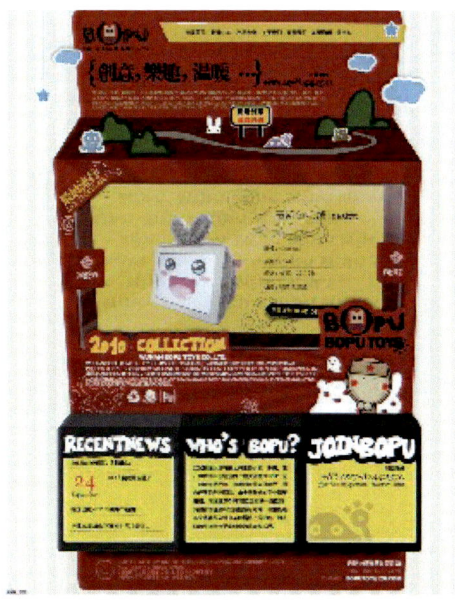

圖 4-23　www.boputoy.com――寫實多維

圖 4-25　altspace.com――寫實多維

147

網頁設計 Web Design

三、動漫情節

　　動漫是一種藝術形式，也是一種設計風格，還是很多人心目中難以磨滅的心理情結。作為一種網頁設計風格，動漫風格原本是針對動漫卡通類型的網頁而產生，但由於其可愛唯美、萌趣叢生的角色造型與個性表現，精緻多樣的場景設計以及豐富的表現手法，而成為不少網頁類型選擇的風格。

　　由於動漫表現形式多樣，影響了其風格形式的多樣化。從動漫的發展歷史來看，最早源於動漫藝術家的手繪，其追求的是一種自由而隨意、輕鬆且自然的風格特徵和性格情緒，能喚起動漫愛好者心中那份恆久的眷戀。隨著電腦圖形學的發展，動漫藉助電腦與軟體的力量衍生更多的風格形式。除了手繪的風格形式，動漫風格還分為平面、三次元與模型等主要形式。平面風格單純開闊的特性，容易形成或浪漫唯美，或雅緻清新，或童趣盎然的多元表現形式，為廣大使用者所喜愛。三次元風格則拓展界面的視覺層次空間，強化了對象的存在感。而模型風格的真實與觸手可及，拉近了使用者與網頁之間的距離，增強了網頁的感染力，使網頁顯得親切而溫馨。（圖 4-26 至圖 4-33）

圖 4-26　www.hellosoursally.com——動漫情節（手繪）

第二節 觸摸網頁新境界

圖 4-27　www.claremackie.co.uk——動漫情節（手繪）

圖 4-28　www.leonvanrentergem.be——動漫情節（材質模型）

圖 4-29　www.webbliworld.com——動漫情節（平面）

圖 4-30　www.spook.spicsolutions.com——動漫情節（材質模型）

圖 4-31　pororo.jr.naver.com——動漫情節（三次元立體）

圖 4-32　mundodositio.globo.com——動漫情節（平面）

圖 4-33　leconcoursdupetitprince.com——動漫情節（三次元立體）

149

四、傳統印象

中國傳統藝術正在復興,在設計藝術的推動之下,以新興的姿態呈現給世界。古老的中國建築藝術、形神皆具的國畫藝術、蘊含豐富象徵意義的吉祥動物與花卉、多姿多彩的民俗藝術形式、富含哲理的幾何裝飾紋樣、形式與構造獨特的中國文字、巧妙而意境深遠的藝術構圖等傳統文化藝術,都是現代設計的寶貴資源,拓展網頁設計的形式與風格。同時,網頁也成為傳統與現代結合的設計平台,傳播中華文化與藝術的窗口。

傳統印象在今天的網頁設計中被表現得多姿多彩,水墨的淡然清雅給網頁增添含蓄內斂的藝術氣質,民俗藝術的古老質樸為網頁傳遞濃郁純粹的東方意趣,中國書法的方塊結構美感與符號性,成了網頁傳統風格構建與形式設計的重要元素……這印證了在資訊時代,傳統藝術與現代設計之間可以形成琴瑟和鳴、相得益彰的發展態勢。(圖 4-34 至圖 4-38)

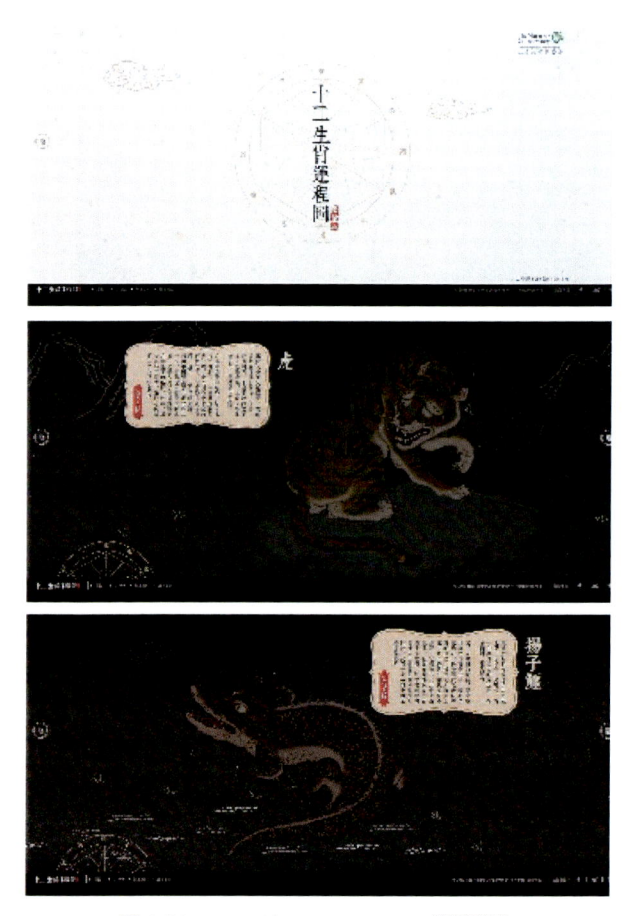

圖 4-34　www.12shengxiao.cc——傳統印象

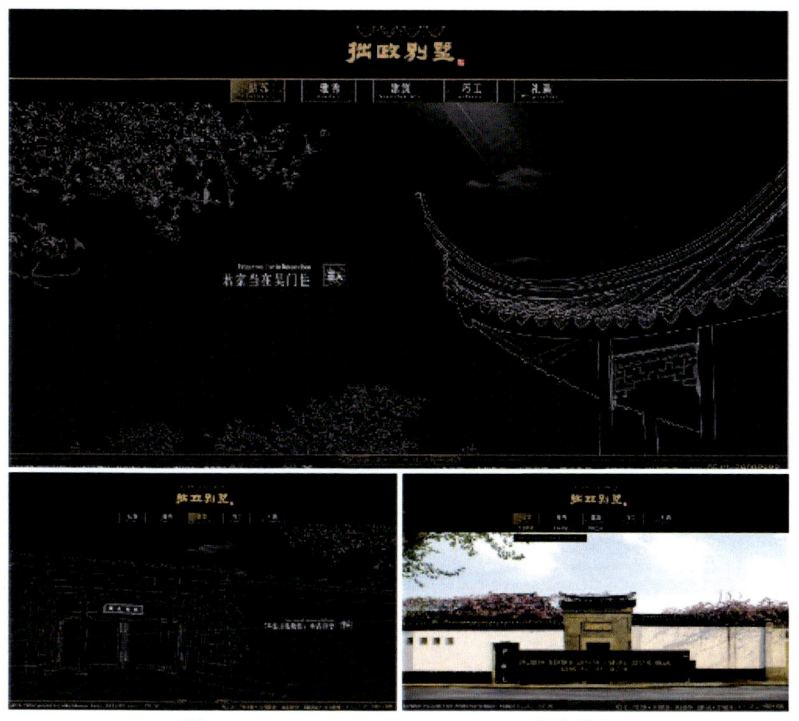

第二節 觸摸網頁新境界

圖 4-35　www.chuochengvilla.com——傳統印象

圖 4-36　www.chinazoren.com——傳統印象

圖 4-37　www.kabusan.or.jp——傳統印象 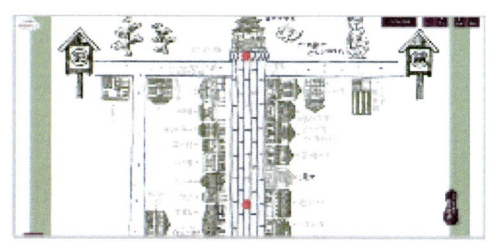　　　圖 4-38　www.nakamise.org——傳統印象

151

五、懷舊餘溫

懷舊是小眾群體的專屬，懷舊是小範圍的真情流露；懷舊不是炙熱喧囂，而是一種徐徐餘溫，回憶的撫慰、思念的緬懷，對懷舊情緒的表達成了當代都市人群的一種時尚。相比其他風格，懷舊風格的網頁在外觀更為明顯直觀，需要運用特定的形式手法進行設計。因此，在網頁設計中，不管是出於什麼原因構建懷舊風格，須有以下幾個關鍵要素相輔相成、相互配合，共同營造特別的網頁懷舊風格。

懷舊簡單來說就是緬懷過去，舊物、故人、家鄉以及逝去的歲月通常是懷舊的對象。首先，具有典型意義的物件、符號等象徵物，如過去時代的建築物、曾經流行的服飾、兒時的玩具、書信時代的郵票、泛黃的老照片等，經過設計提煉，都是構建懷舊風格重要的設計元素。其次，利用色彩對人的心理作用，飽和度較低、偏黃褐色等表現陳舊的暗色基調是最容易營造懷舊氛圍的色系。再次，對於網頁字體的選用，應選擇具有懷舊感的襯線體來襯托表現。最後，一些特殊的肌理與材質也是懷舊風格網頁不可或缺的。（圖 4-39 至圖 4-44）

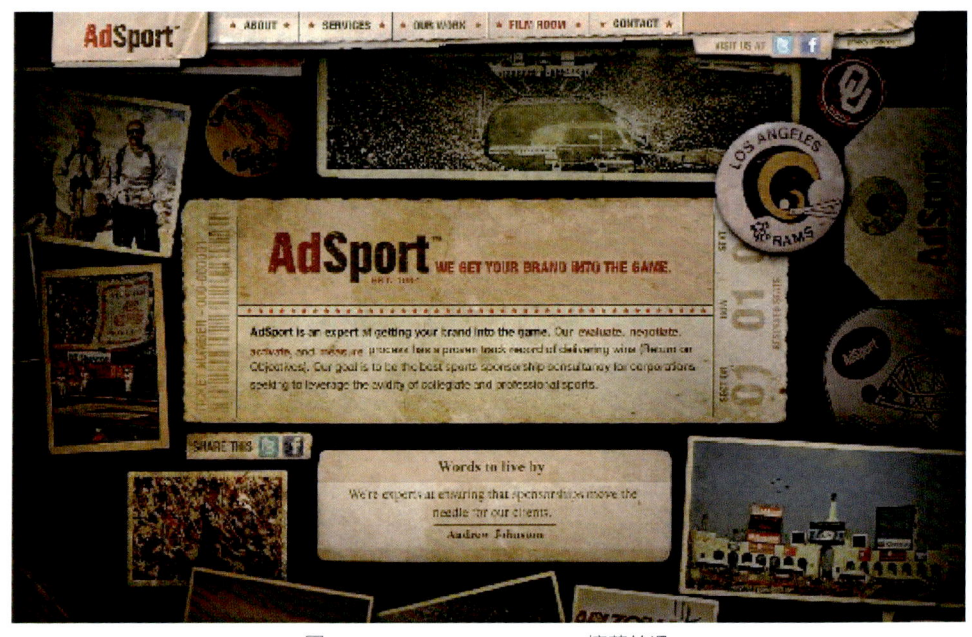

圖 4-39　www.adsport.com——懷舊餘溫

第二節 觸摸網頁新境界

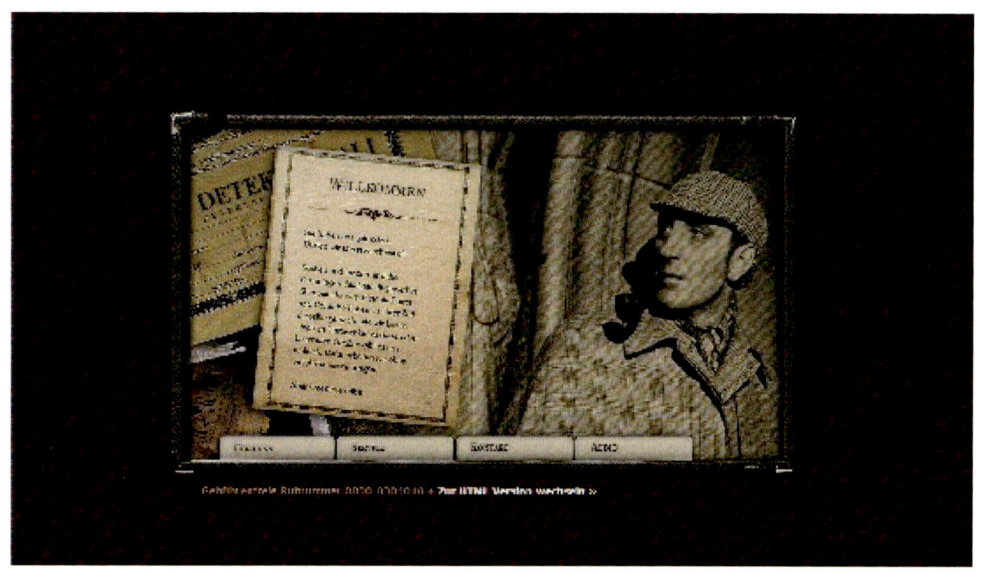

圖 4-40　www.detektiv-nali.de——懷舊餘溫

圖 4-41　www.vermontcoffeeworks.com——懷舊餘溫

圖 4-42　www.hatd-nj.com——懷舊餘溫

圖 4-43　www.blackangus.com——懷舊餘溫

圖 4-44　confectionery.themarketo.com——懷舊餘溫

153

六、抽象力量

　　不可否認，抽象的力量越來越強大，雖然很多人仍表示無法理解。表面看來，圖像元素的缺席，僅使用單純的抽象符號或類似點線面的極簡元素，這樣的網頁似乎很難與那些複雜多樣、光彩奪目的網頁媲美。但正是這單純和極簡，與那樸素到極致的靜美，避免了在頁面層次上可能出現的混亂，讓網頁顯得乾淨、明快且富有效率。同時，抽象元素的簡單直接，使網頁的資訊內容更加突出明了，使使用者快速地集中注意力到網頁的資訊內容上，有效傳遞內容。

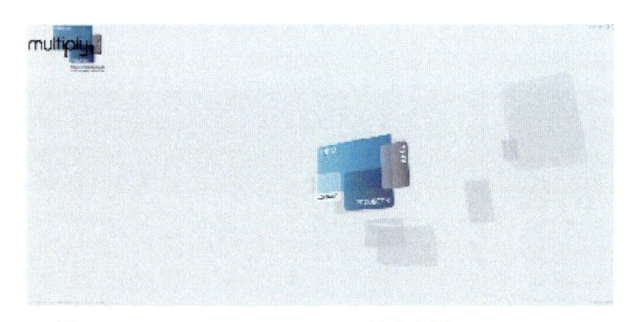

　　從設計的角度來說，相比資訊內容多樣、裝飾元素運用可觀的網頁來說，抽象風格網頁的設計更是顯得困難重重。這是因為形式直白、層次簡單的抽象元素讓設計師無法不關注到網頁界面的每一個角落，對每一個細節都煞費苦心、精心雕琢，看似簡單的抽象元素在設計師手裡演變成一頁頁簡潔卻耐人尋味的界面，成為現代網頁設計中獨樹一幟的風格表現形式。（圖 4-45 至圖 4-51）

圖 4-45　www.multiply.com.au——抽象力量

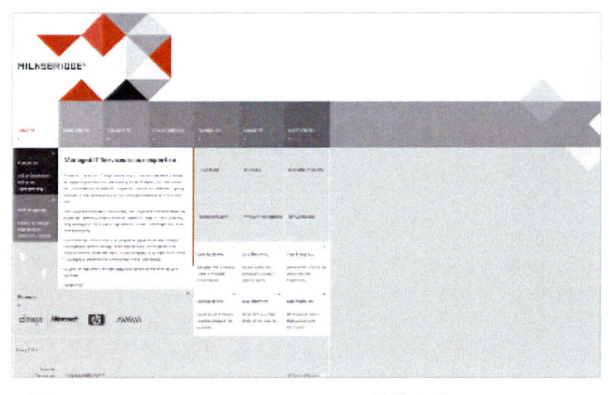

圖 4-46　www.milnsbridge.com.au——抽象力量

第二節 觸摸網頁新境界

圖 4-47　www.iamyuna.com——抽象力量

圖 4-49　www.circle-ent.com——抽象力量

圖 4-48　www.akanai.com——抽象力量

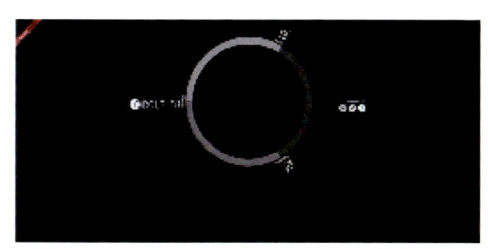

圖 4-50　www.mitsuruharada.com——抽象力量

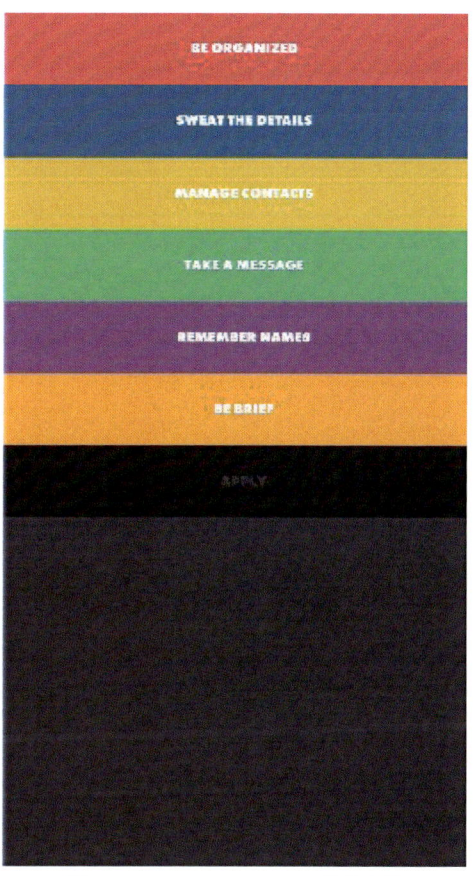

圖 4-51　work4rich.com——抽象力量

155

七、手繪溫情

　　電腦圖形學發展如火如荼的現代，手繪的表現形式曾經岌岌可危，人們以為電腦繪製可以徹底取代手繪。隨著時代發展和對多元設計的需求，手繪表現開始在設計領域復興。現在，手繪不僅是一種設計元素與表現手段，更是新時代網頁發展的新風格與新形式。

　　手繪風格的特徵是傾向於藝術表現，這決定了手繪風格的應用並不會十分廣泛，通常用於表達特定理念與彰顯藝術氣質。材質的厚薄柔韌、筆觸的輕重緩急，營造或隨意的，或輕鬆的，或塗鴉的網頁風格形式，實現手繪藝術與電腦圖形表現的結合，為冰冷的網路與電腦的注入一絲溫情，彰顯網頁的人性關懷。（圖 4-52 至圖 4-58）

圖 4-52　www.xixinobanho.org.br－－－手繪溫情

第二節 觸摸網頁新境界

圖 4-53　www.2latelier.com－－手繪溫情

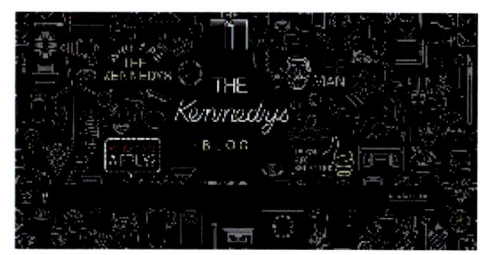

圖 4-56　www.thekennedys.nl－－手繪溫情

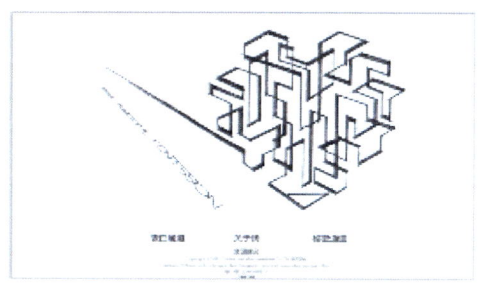

圖 4-57　www.xdoor.cc－－手繪溫情

圖 4-54　ichance.ru－－手繪溫情

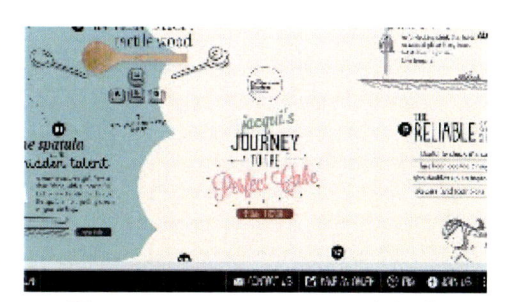

圖 4-58　www.jacquico.com－－手繪溫情

圖 4-55　aualeu.ro－－手繪溫情

157

網頁設計 Web Design

八、環保本色

環保，本意是環境保護，指人類為解決當前已經存在或可能存在的環境問題，協調人類與自然環境的關係，保障經濟社會的可持續發展而採取的各種行動。今天，環保的含義愈加廣泛，甚至影響了當代設計的發展。在網頁設計中，環保不僅是一種風格，更是一種設計的精神理念和發展趨勢。清新簡潔的形式氛圍，自然純粹的視覺元素，避免網頁成為資訊泛濫與視覺汙染的網路源頭，給使用者營造舒適、愉悅、親切的視覺感受與互動體驗是環保風格網頁的主要特點。

因此，清新而充滿生命力的綠色、白色以及彰顯自然的色彩基調，具有環保氣息的自然風景、植被、花草、動物等圖片元素的設計再造，沒有陳詞濫調，乾淨清新的網頁氛圍與氣質，拉近了使用者與網頁的距離，自然的氣息撲面而來，使用者似乎嗅到了青青花草的味道……（圖 4-59 至圖 4-64）

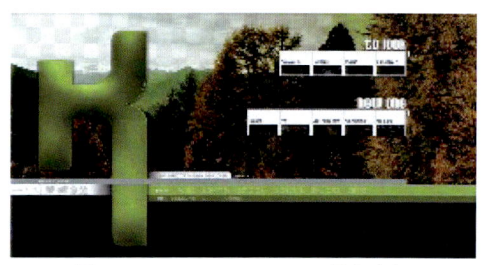

圖 4-60　www.kalou.ch——環保本色

圖 4-61　www.archiland-urban.com——環保本色

圖 4-59　tnc.org.cn 大自然保護協會——環保本色

圖 4-62　specialforce.pmang.com——環保本色

第二節 觸摸網頁新境界

圖 4-63　www.purangy.com.br——環保本色

圖 4-64　www.digitalplayground.de——環保本色

159

九、字體純粹

字體是常用的設計元素，表現網頁個性與追求簡潔。

數位時代，字體的形式與風格朝多元化發展，各種風格的網頁都能找到適當的字體，激發設計師使用純粹字體進行創意設計。使用字體，需滿足以下四個要點：第一，表現字體的美感。第二，完整表述網頁的內容。因此，在該類型網頁的設計中，較大的字體更可以再設計，成為頁面的焦點；而字號相對較小的文字則需要仔細考慮其編排的形式美感，不同風格樣式的字體匹配不同的編排形式，方可傳達出純粹簡潔的風格境界。第三，由於頁面單純，須注意字體間的層次關係，為使用者提供明確的資訊瀏覽秩序。第四，字體的設計編排要與與網頁主題統一。（圖 4-65 至圖 4-71）

圖 4-65　www.meta-maniera.com——字體純粹

圖 4-68　www.designembraced.com——字體純粹

圖 4-66　pleatspleaseshop.com——字體純粹

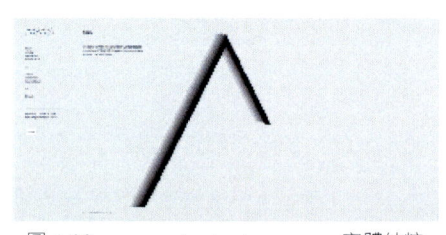

圖 4-69　www.prismtracks.com——字體純粹

圖 4-67　www.arnemeister.de——字體純粹

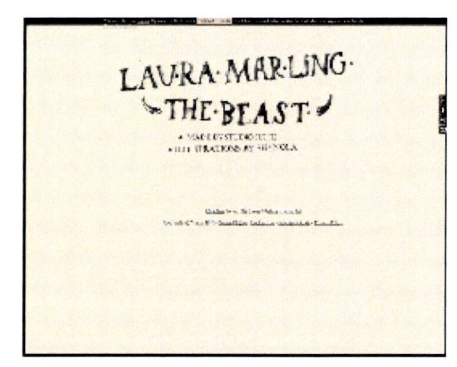

圖 4-70　www.the-bea.st——字體純粹

圖 4-71　www.26de.com——字體純粹

十、復古韻味

　　歐洲古典風格是一種延續時間較長、類型多樣的風格形式，其追求華麗與典雅的視覺效果，對現代設計產生了重要的影響。古典主義風格主要包括羅馬風格、歌德風格、文藝復興風格、巴洛克風格、洛可可風格與新古典主義風格六大類型。首先，柔美精緻的曲線紋樣、複雜多變的肌理材質、華麗雍容的色彩基調、別出心裁的文字使用、底蘊深遠的文化是古典主義風格的典型特徵。其次，無論是整體打造還是局部鐫刻，古典主義風格都堅持的精雕細琢與一絲不苟。

　　追尋過巴洛克風格的雍容典雅與洛可可風格的矯揉繁複，再探求新古典主義風格，摒棄過於複雜的裝飾與紋理，用更經典簡約的圖案或造型來彰顯古典風格，用現代設計的力量讓古典風格的復古韻味在網頁中淋漓盡致的展現，展現復古與流行風潮結合的網頁設計新風尚。（圖 4-72 至圖 4-77）

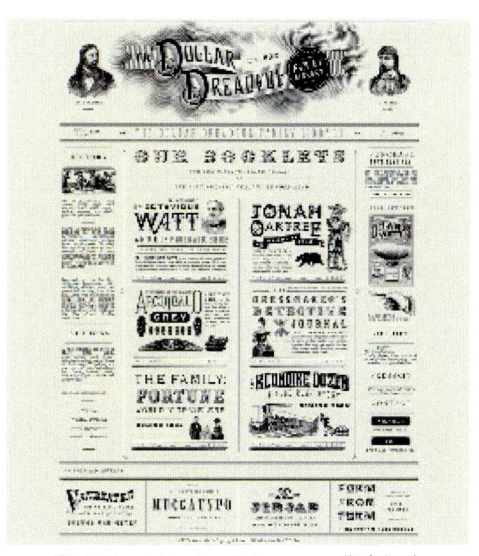

圖 4-72　dollardreadful.com——復古韻味

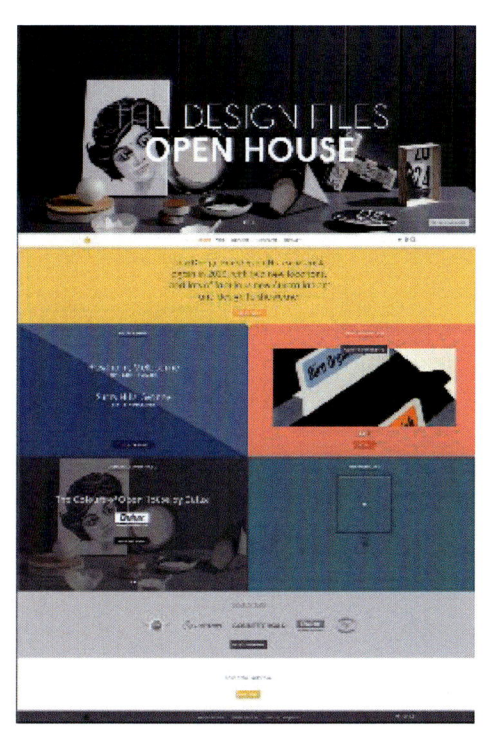

圖 4-73　www.thedesignfilesopenhouse.com——復古韻味

網頁設計 Web Design

第四章 潮流玩轉、經典涅槃

圖 4-74　www.immortals.it——復古韻味

圖 4-75　www.alvarinhodomsalvador.com——復古韻味

圖 4-76　www.bsg.cn——復古韻味

圖 4-77　missmarysmix.com——復古韻味

十一、網格秩序

在視覺藝術設計實踐中,網格是建立秩序最有效的方式。從傳統平面媒體到網頁新媒體,網格都有作用。在網頁設計中,精準而靈活的網格具有多種優勢,被廣泛應用。首先,網格使資訊的編排具有明確的秩序性,資訊的傳遞具備完整的連貫性。其次,網格具有協調網頁版面的作用,增強各設計元素間的和諧穩定。再次,網格具有資訊提示的作用,有創意的網格將使網頁呈現意想不到的特殊效果。

網格在網頁中的作用首先是基於頁面組織與編排的功能需求,其次是對頁面主題表達與形式美的追求。然而,由於網格規律、秩序,用網格編排的網頁界面呈現出絕對的秩序感,這種絕對秩序感的存在,暗示著大千世界中隱含的邏輯與秩序,而理解與揭示這些邏輯秩序則是人類永恆的追求。(圖4-78至圖4-83)

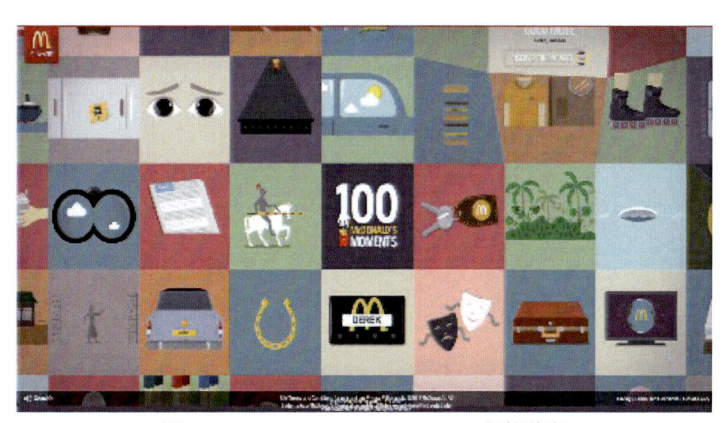

圖4-78　www.mcdonalds.co.uk——網格秩序

圖4-79　www.museum.toyota.aichi.jp——網格秩序

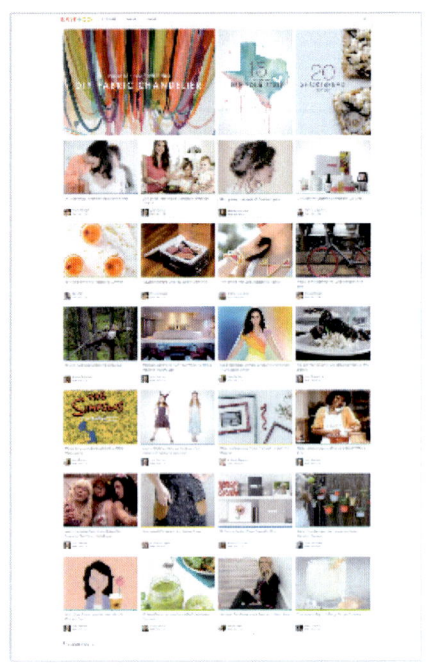

圖 4-80　www.brit.co——網格秩序

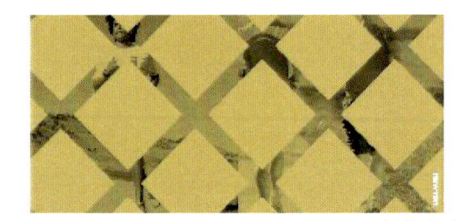

圖 4-82　runbetter.newtonrunning.com——網格秩序

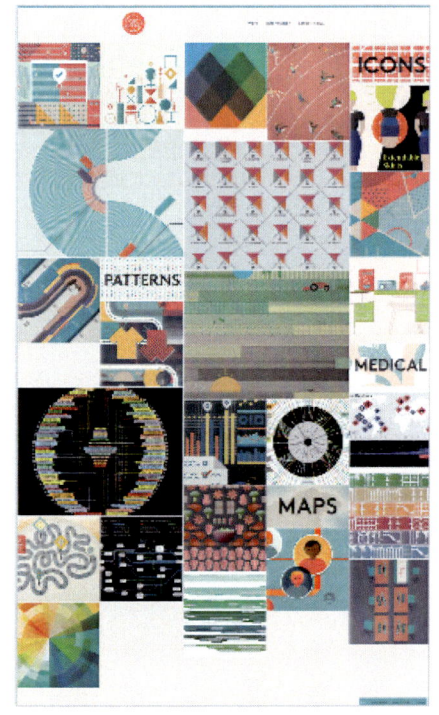

圖 4-83　scriptandseal.com——網格秩序

圖 4-81　perspectivewoodworks.com——網格秩序

十二、金屬質感

　　金屬具有光澤、材質感與量感。在網頁設計中，金屬風格的運用是源於「金屬樂」。金屬樂包含了以黑金屬、死亡金屬、激流金屬、厄運金屬、華麗金屬、重金屬、工業金屬等音樂類型，有不同的訴求主題與演唱方式。例如：黑金屬音樂充滿了詭異、恐怖的音樂氛圍；死亡金屬以死亡仇恨為主題，音樂中充滿了肢解、虐待等變態情緒；華麗金屬則以「濃妝豔抹的外形」來吸引樂迷，是主流金屬音樂的分支；還有重金屬音樂的速度與爆發力、工業金屬鍾愛冰冷感與科技感的樂感表達，等等。

　　結合不同的網頁主題，運用不同的金屬材質與色彩基調，在網頁中營造或冰冷，或恐怖，或粗狂，或速度，或前衛，或陳舊，或光彩奪目的藝術風格。同時，金屬的量感能增加網頁在視覺上的分量，強化設計元素之間的對比關係，使頁面的層次關係更明確。（圖 4-84 至圖 4-89）

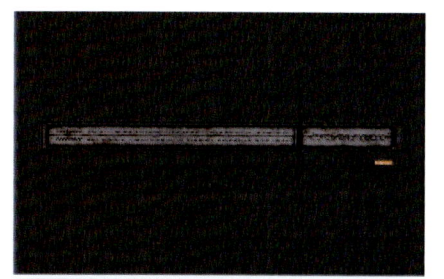

圖 4-84　www.sevenstudio.com——金屬質感

圖 4-85　birdman.ne.jp——金屬質感

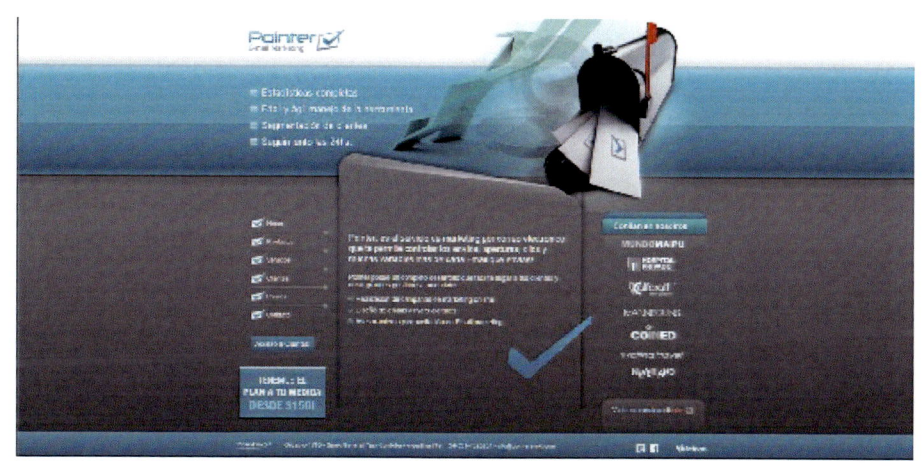

圖 4-86　www.pointeremkt.com——金屬質感

網頁設計 Web Design

第四章 潮流玩轉、經典涅槃

圖 4-87　sm.qq.com———金屬質感

圖 4-88　us.blizzard.com———金屬質感 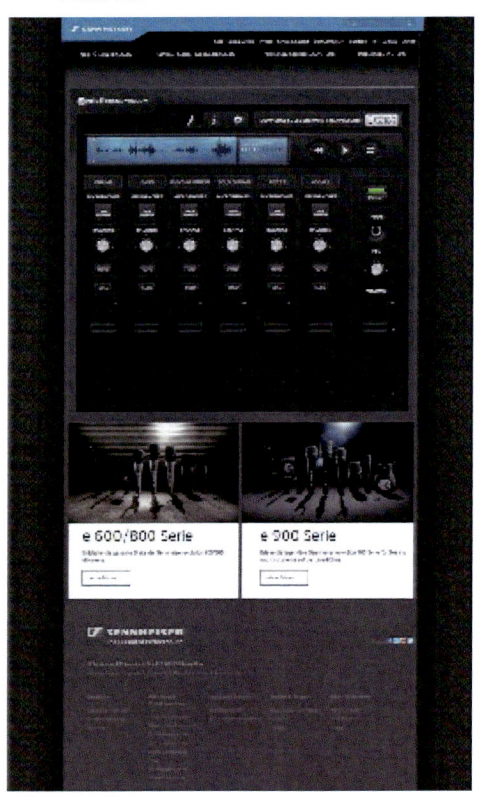　　　　圖 4-89　de-de.sennheiser.com———金屬質感

十三、奢華光芒

奢華,釋義「奢侈浮華」,原用於形容有錢人的生活。在西方社會被認為是上流社會普遍的生活方式與積極的人生態度。奢華通常還與時尚息息相關,自歐洲開始有時尚,低調奢華便代表著貴族的外在與內心,因為這是美好事物的最高標準。另外,從今天的生活價值觀來看,「奢華」一詞還是品位與格調的象徵。

網頁中奢華風格的設計,不是要表達極盡一切絢爛之事,來苛求外表的繁華浮誇,而是更加注重網頁氣質與氛圍的營造、細節與品質的雕琢,力求塑造出高貴凝練,讓奢華的網頁光芒直抵使用者內心。簡言之,奢華風格的網頁應當具備完美的外觀形式與獨特的氣質個性,彰顯並傳遞品牌與產品的文化內涵。因此,除了網頁內容,奢華風格讓網頁本身也成為一件精緻的藝術品,在瀏覽的過程中傳遞品味、分享價值。(圖 4-90 至圖 4-96)

圖 4-90　www.cartier.us——奢華光芒

網頁設計 Web Design

第四章 潮流玩轉、經典涅槃

圖 4-91　www.tiffany.com——奢華光芒

圖 4-94　www.domperignon.com——奢華光芒

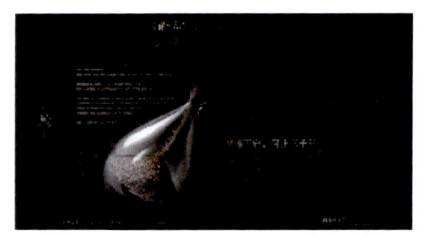

圖 4-95　www.ldjtf.com——奢華光芒

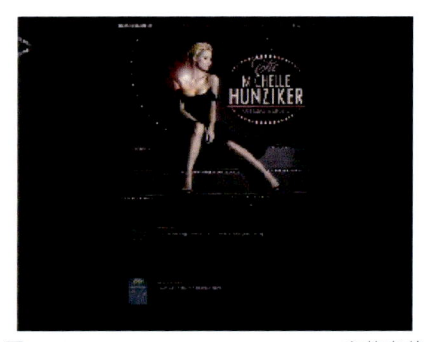

圖 4-92　www.michellehunziker.it——奢華光芒

圖 4-93　www.askthemagicmirror.com——奢華光芒

圖 4-96　www.rogerdubuis.com——奢華光芒

十四、極簡淡泊

極簡主義源於 1960 年代興起的一個藝術派系。極簡主義不僅是一種設計風格，還是一種哲學思想、價值觀與生活方式。不同於簡約時尚風格表現簡潔精緻，極簡風格追求極致的簡單直白，形成在視覺上極為簡單，氣質上更為安靜的網頁表達形式，體現無慾無求的淡泊心境。

極簡風格的設計與抽象風格有某些相同之處，都需要重視細節的處理，在細微之處彰顯設計的匠心獨具。同時，極簡風格的網頁需要有充裕的界面空間，以極致的空白空間突出網頁的主體內容，形成簡單直白、淡泊雅緻的網頁印象。極簡主義的網頁風格是今天追尋實用設計的網頁，訴求的經典表現形式，因為極簡風格將網頁從複雜的表現形式中釋放，回歸設計的本真。（圖 4-97 至圖 4-103）

圖 4-97　www.septime.net——極簡淡泊

圖 4-98　celebratedesign.org——極簡淡泊

圖 4-99　www.jtcdesign.com——極簡淡泊

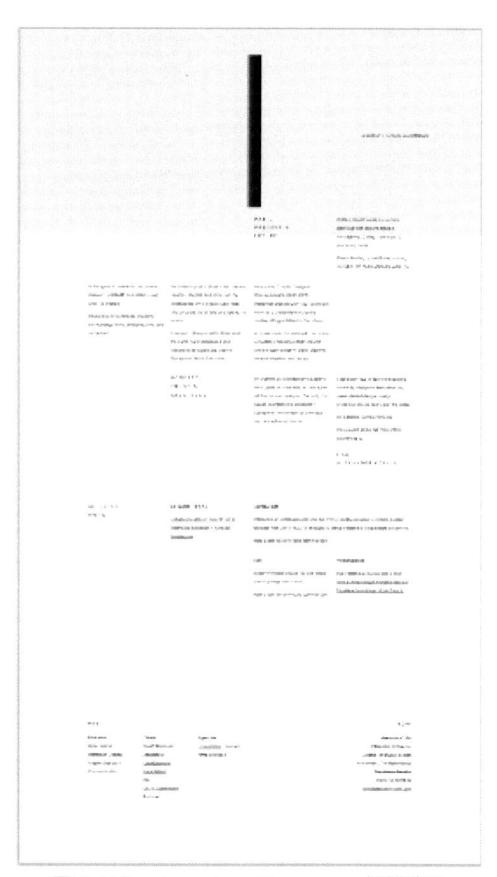

圖 4-100　alexandercollin.com——極簡淡泊

網頁設計 Web Design

圖 4-101　www.chiso.co.jp——極簡淡泊

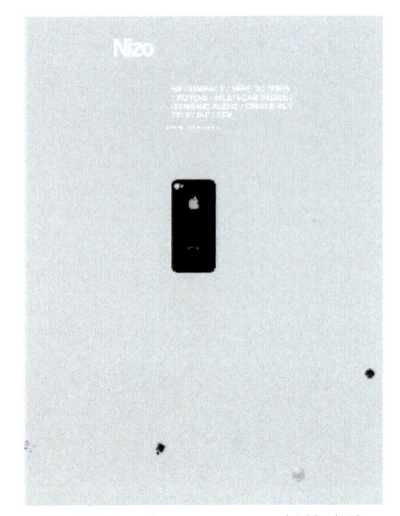

圖 4-102　nizoapp.com——極簡淡泊

圖 4-103　yaronschoen.com——極簡淡泊

十五、軟玉清新

　　今天的網頁設計，希望以舒適的視覺感受與體驗，增加網頁和使用者之間的親密友好。因此，有網頁開始使用一些特別的設計元素，力求以溫馨、柔軟的小清新風格，營造美好舒適的網頁環境，讓使用者在與電腦、網路的交互中不會覺得疏離遙遠。

　　就這樣，布藝、花卉等開始作為設計元素進入網頁設計，配合淡雅柔美的色彩基調，使網頁界面充滿柔軟親切、勃勃生機；同時，布藝的細膩溫馨、花卉的嬌豔柔美能夠給網頁帶來視覺平衡，營造舒適清新的意境。當然，由於布藝、花卉等材質的特性表現需求，需要精確謹慎的製作技術，以確保這些物件的肌理與材質在網頁中得到完善展現。（圖 4-104 至圖 4-110）

圖 4-104　heartofhaute.com——軟玉清新

圖 4-105　www.hiersun-ido.com——軟玉清新

第二節 觸摸網頁新境界

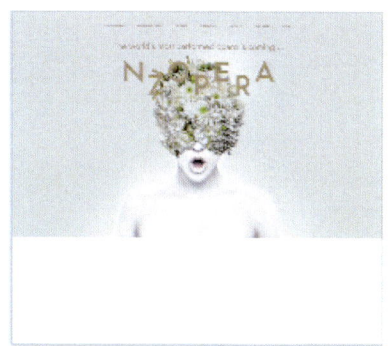

圖 4-106　nzopera.com——軟玉清新　　圖 4-107　www.perrier-jouet.com——軟玉清新

圖 4-108　herbalbises.jp——軟玉清新

圖 4-109　attributeproducts.co.uk——軟玉清新

171

網頁設計 Web Design

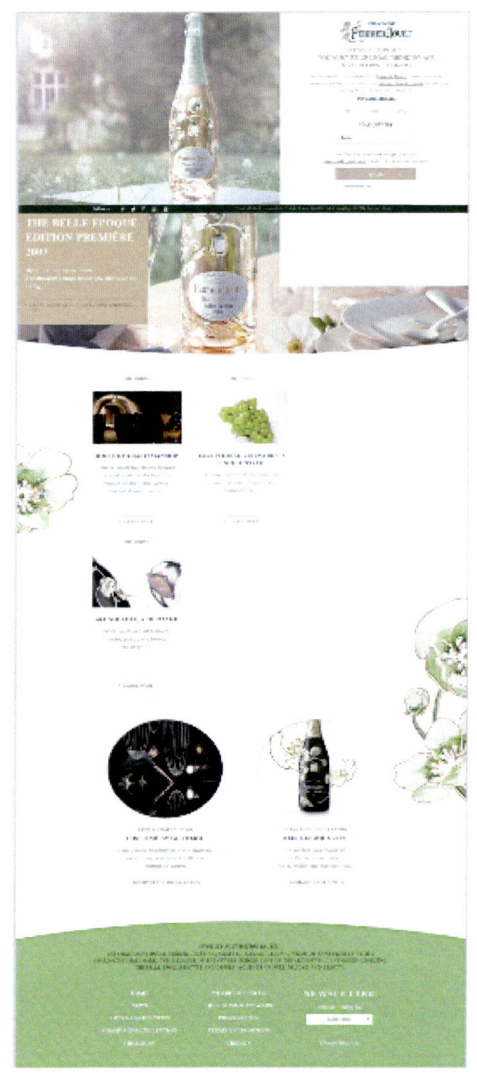

圖 4-110　www.oililyworld.com——軟玉清新

十六、中性謙和

在網路世界的滿目絢爛、五光十色之中，中性風格的網頁仿若滿腹經綸卻內斂的君子，沒有喧囂熱鬧，只有頁面中隱然若現的一抹謙和與淡然……

中性風格的網頁界面設計，摒棄光華奪目、多樣豐富的色彩表現，結合不同的設計主題，以無任何色彩傾向的黑色、白色以及不同層次的灰色的搭配作為網頁界面的色彩基調，形成一種中性包容的網頁氛圍；同時，兼顧主題表現與風格營造的完整性需求，頁面中的設計對象與表現元素也會採取低調含蓄的形式表現，儘量降低不同風格特徵的設計對象所帶來突兀與不和諧，以形成包容統一、舒適謙和的網頁視覺感受。另外，相比色彩豐富的網頁，中性風格網頁視覺形式的淡然內斂則更容易給觀者留下聯想與思考的空間，更加有利於網頁主題與內涵的傳達。（圖 4-111 至圖 4-117）

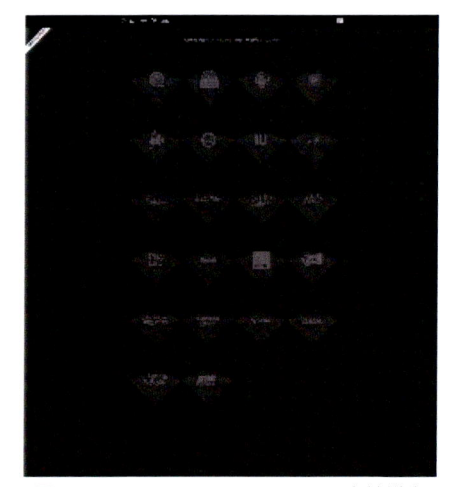

圖 4-111　www.gonzelvis.com——中性謙和

第二節 觸摸網頁新境界

圖 4-112　www.vanschneider.com——中性謙和

圖 4-113　www.dogscanfly.com——中性謙和

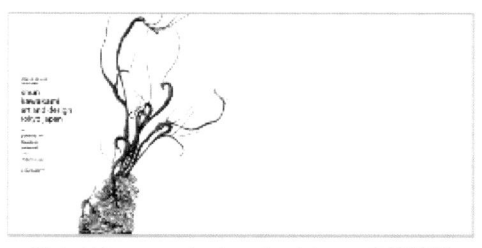

圖 4-114　www.shunkawakami.jp——中性謙和

圖 4-115　dieze-sixzero.com——中性謙和

網頁設計 Web Design

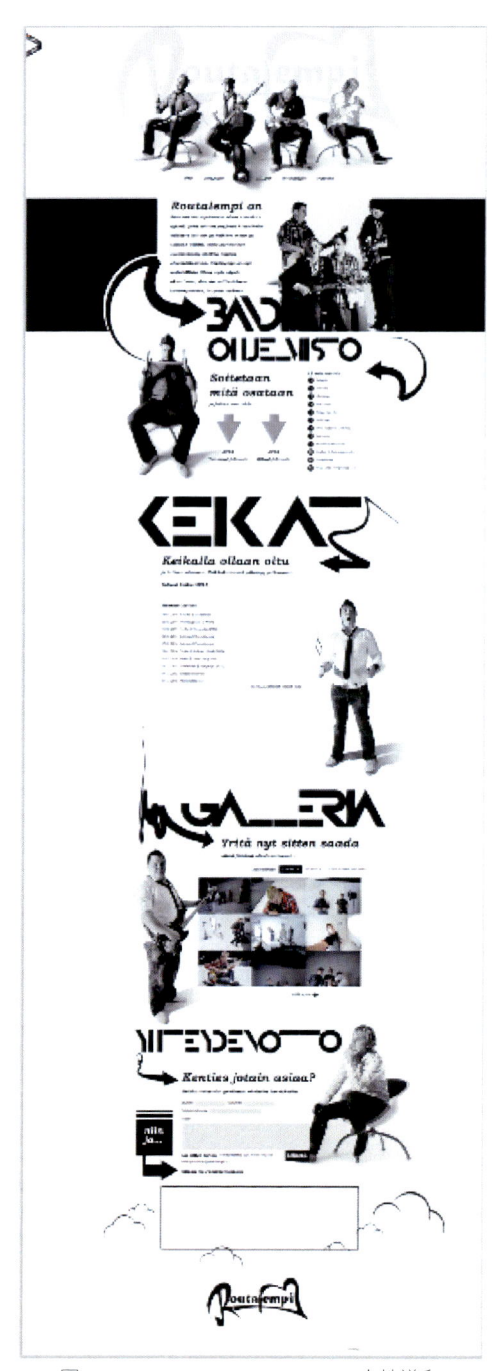

第四章 潮流玩轉、經典涅槃

圖 4-116　www.routalempi.fi——中性謙和

圖 4-117　www.granit-gin.de——中性謙和

174

十七、童趣盎然

純淨得沒有一絲雜質，開朗得沒有一絲陰霾，快樂得沒有一絲做作，這就是童趣的魅力，是現代快節奏、壓力生活之下人們夢寐以求的一方淨土。因此，童趣的創造與表現被大量的網頁類型所使用，為網頁作品增添更多的活潑、輕鬆與趣味。

大膽的想像，是網頁設計中童趣創造與表達的原動力；超越邏輯與規律的視覺藝術表現，加之出人意表的調侃與幽默，是塑造童趣盎然的網頁風格形式的不二手法。從視覺表現上看，童趣風格的網頁作品在形式與氣質方面都呈現出多樣化的態勢，也許是可愛溫馨，又或是個性耍酷，還可以是幽默滑稽，更可能是俏皮逗樂，讓使用者在瀏覽網頁的同時莞爾一笑，壓力與重負在瞬間悄然盡釋。（圖 4-118 至圖 4-124）

圖 4-118　www.zoocoffee.com——童趣盎然

圖 4-121　www.allo-lugh.com——童趣盎然

圖 4-119　www.douban.com——童趣盎然

圖 4-122　analoguebaby.com——童趣盎然

圖 4-120　funandkids.co.kr——童趣盎然

圖 4-123　www.loadedsmoothies.co.za——童趣盎然

網頁設計 Web Design

第四章 潮流玩轉、經典涅槃

圖 4-124　www.minimalsworld.com——童趣盎然

十八、唯美浪漫

「唯美」一詞，最早出現在 19 世紀後期英國在藝術與文學領域盛行的唯美主義運動之中，其目的是追求一種脫離現實的絕對美與超越生活的純粹美，這種絕對與純粹的唯美摒棄庸俗、憎惡市儈，充滿了浪漫主義色彩，發展到今天成為現代網頁設計的表現形式之一。

精心設計的對象視角、乾淨純粹的色彩基調、浪漫超脫的頁面氣質都是唯美風格的網頁作品需要具備的特點。利用視覺藝術的創造力與設計技巧的表現力，消除現實的不完美，營造一種在視覺上絕對純粹的網頁界面的形式與色彩美，滿足在不完美的世界中人們對絕對完美的追求。另外，除了視覺上的形式美外，唯美風格的網頁還是感性的、愉悅的，傳遞著由內而外、觸動人心的唯美氛圍與浪漫氣息。（圖 4-125 至圖 4-130）

圖 4-125　www.etudehouse.co.kr——唯美浪漫

網頁設計 Web Design

第四章 潮流玩轉、經典涅槃

圖 4-126　www.flowerofsalt.co.kr——唯美浪漫

圖 4-127　www.dior.com——唯美浪漫

圖 4-129　bbcream.mamonde.com.cn——唯美浪漫

圖 4-128　www.hera.co.kr——唯美浪漫

圖 4-130　www.liplover.ca——唯美浪漫

十九、神祕莫測

神祕，原本是用於形容事物或現象的難以捉摸與高深莫測。在網頁設計中，神祕是用於表述一些特定的網頁主題與風格形式所呈現的氣質與氛圍。因此，神祕風格的網頁擁有詭譎多變的形式、變幻莫測的氛圍，給使用者留下耳目一新的網頁印象。

深邃低沉的色彩基調是營造網頁神祕風格的基礎，在此基礎上，結合不同的網頁主題，神祕的形式氛圍將會表現得更加多元豐富。神祕與未知、神祕與高貴、神祕與詭異、神祕與探索、神祕與恐懼、神祕與憂傷、神祕與慾望……神祕頁面氛圍的營造為不同形式的網頁增加了別樣的個性與深幽的意境。另外，除了視覺表現外，聲音元素的加入對於神祕風格網頁的塑造也有著非常重要的作用，對於使用者來說，視聽的雙重衝擊使得網頁的神祕效果更加繪聲繪色、引人入勝。（圖 4-131 至圖 4-137）

圖 4-131　www.elastine.co.kr——神秘莫測

網頁設計 Web Design

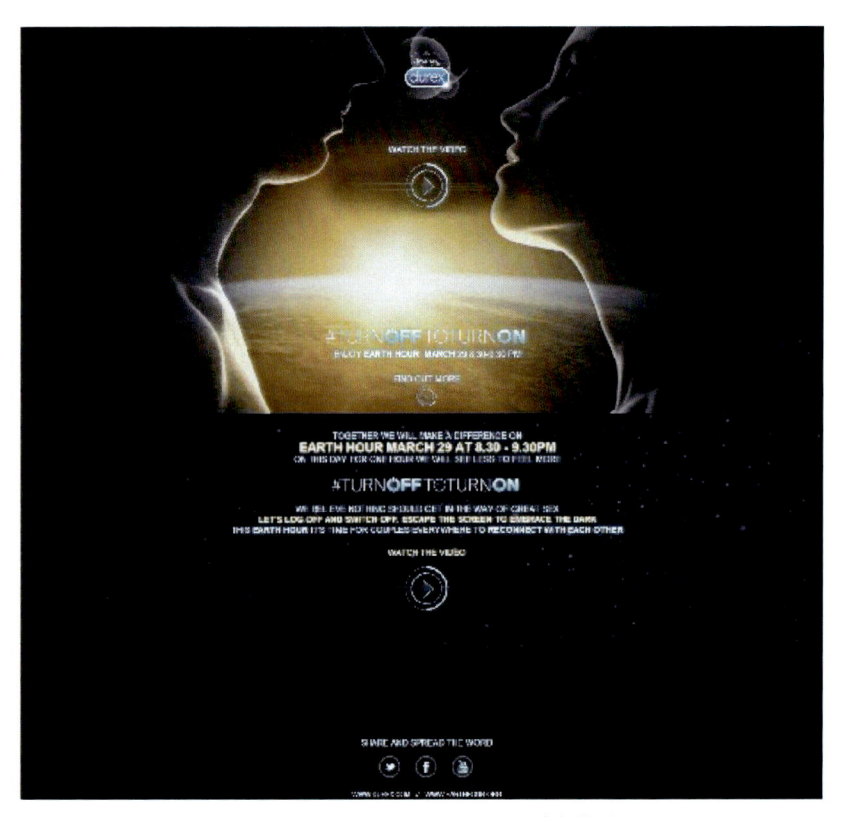

第四章 潮流玩轉、經典涅槃

圖 4-132　durexearthhour.com——神秘莫測

圖 4-133　www.deployanddestroy.com.au——神秘莫測

圖 4-135　www.mooncampapp.com——神秘莫測

圖 4-134　jackthegiantslayer.warnerbros.com——神秘莫測

圖 4-136　www.5emegauche.com——神秘莫測

180

第二節 觸摸網頁新境界

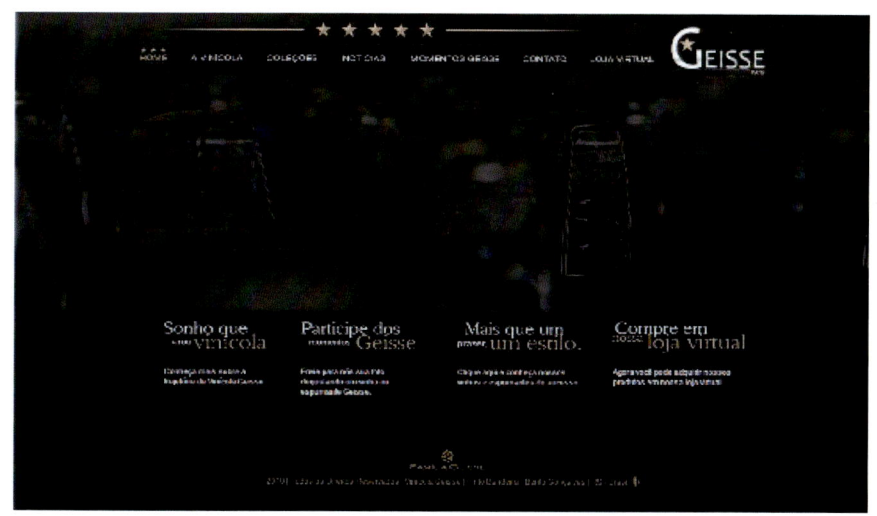

圖 4-137　www.cavegeisse.com.br——神秘莫測

二十、混搭多元

混搭，是多元時代的一種潮流。混搭風格是指在網頁設計中將不同類別、不同風格、不同形式、不同色彩的元素進行設計組合，形成全新的具有獨特個性特徵的網頁新風格。從另一個角度來說，網頁設計本身就是技術與藝術混搭的產物，混搭意味著碰撞，意味著創新，意味著出奇制勝。所以，混搭風格的網頁不僅形式多元、表現各異，還是穿越時空的交錯與無所不容的共存……

混搭，絕不是內容與元素的隨意拼貼與混亂組合。看似的隨意與漫不經心，實則是經過精心策劃與組織構建的設計與表現。具體來說，混搭是利用不同設計對象的屬性進行創造性的組合，在對比中突出對象的個性特徵，營造多元活潑的網頁視覺印象。此外，除了對比外，還需要適量的調和才能夠緩和不同屬性的設計元素所帶來的不和諧的視覺感受。因此，透過對對比與調和的巧妙運用，方能形成表現多元、個性獨特的混搭網頁風格形式。（圖 4-138 至圖 4-144）

圖 4-138　www.sushiwhore.com——混搭多元

圖 4-139　sgr.jp——混搭多元

181

網頁設計 Web Design

第四章 潮流玩轉、經典涅槃

圖 4-140　www.obela.com.au——混搭多元

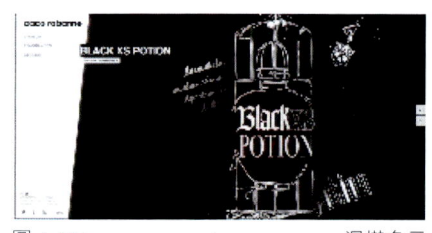

圖 4-141　www.pacorabanne.com——混搭多元

圖 4-142　www.fruitshootusa.com——混搭多元

圖 4-143　www.defqon1.nl——混搭多元

圖 4-144　andculture.com——混搭多元

二十一、小眾琳瑯

除了上述的網頁風格之外，還有一些網頁設計也許難以將其準確歸納出風格類型，它們不拘泥於任何特定的形式，不刻意迎合大眾的審美品位，而是追求多元個性的風格意趣與形式表現，目的在於表現獨一無二、絕無僅有的網頁風格形象，同時反映某些特定的或是小眾的意識理念。

雖然，這些風格形式暫時難以在網頁設計領域中占領一席之地，卻能在發展中給網頁設計輸入更多新鮮的血液，是網頁的風格形式在設計創新中不可或缺的稀有能量。（圖4-145至圖4-151）

自網頁成為設計平台以來，對網頁風格與形式表現的嘗試和探索就從未停止過。在嘗試中創新，在探索中轉變，新的網頁風格形式在不斷的出現中發展與成熟；舊的網頁風格形式或是消弭，或是在時代的洗禮中煥發新貌，成為設計經典，如此反覆。因此，以上對於網頁風格形式的歸納闡述僅是管中窺豹，可見一斑，只願作為一場開啟網頁盛宴的巡迴禮，以自己的一得之見，投礫引珠，期待更多的網頁新風格形式的出現，讓網路的虛擬世界變得更加精彩多元。

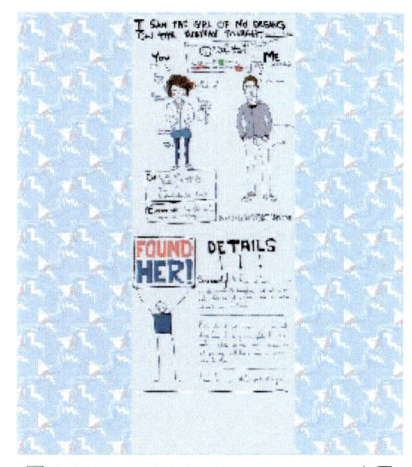

圖4-146　nygirlofmydreams.com——小眾琳瑯

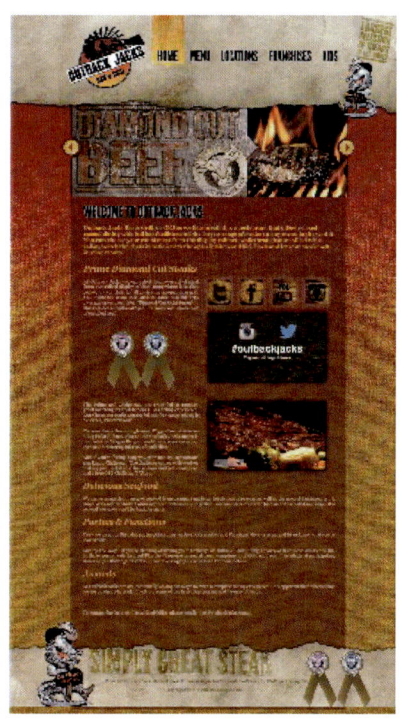

圖4-145　summer.tcm.com——小眾琳瑯

圖4-147　www.outbackjacks.com.au——小眾琳瑯

網頁設計 Web Design

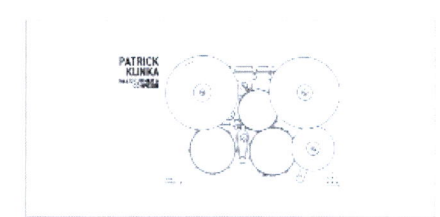

第四章 潮流玩轉、經典涅槃

圖 4-148　www.patrickkunka.com——小眾琳瑯

圖 4-149　www.dreamsdoodler.com——小眾琳瑯

圖 4-151　wybieramyklienta.pl——小眾琳瑯

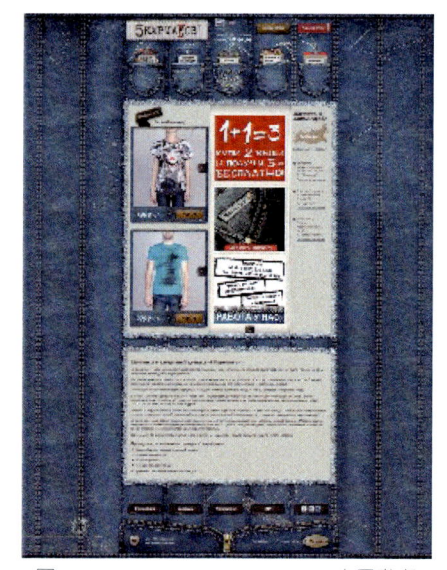

圖 4-150　www.5karmanov.ru——小眾琳瑯

後記

　　接到本書的寫作邀請之時，筆者撰寫的另外一本《網頁設計》出版不足兩年，心裡充滿了興奮與忐忑。自 2007 年從事網頁設計教學伊始，多年的教學與研究成果能夠再次成書與讀者分享，著實是一件值得歡欣鼓舞的事情；但是，如何對前一本教材有所突破，則成為心中最為忐忑與憂心之事。於是，為了獲得重新思考的空間，筆者合理安排了工作與生活事宜，圍繞著突破與創新，打破原有教材的模式框架，從發展與變化的全新視角來重新詮釋網頁設計的理論與技術原理，以前瞻而包容的寫作態度對網頁設計的設計標準和技術發展做了展望與預測，希望本書能夠為今天的網頁設計教學注入一些前進與發展的新動力。

　　感謝我的導師與楊仁敏教授給予我的大力支持與幫助，是他的鼓勵與循循善誘堅定了我寫作的信心；感謝王立峰老師對本書所需的案例資料的收集與整理，沒有他不遺餘力的支持，本書不可能向讀者呈現如此多樣的案例；感謝張宇臣對本書一部分關於網頁技術理論的觀點表述所提供的幫助。本書所引用的案例主要來自網路，在此對這些無法署名的網頁設計師們表示衷心的感謝，因為你們的努力成就了本書的面世，更讓今天的網頁世界變得精彩紛呈。

　　本書雖然傾注了筆者所有的熱情全力編寫，但限於現有條件與作者水準的侷限，錯誤與疏漏難免存在，一些觀點也不夠成熟，因此希望能得到讀者的批評指正，促使我在這個領域更加努力。

　　本書列舉了大量優秀的網頁設計案例供讀者學習和欣賞，但部分網站由於網站維護等原因，短時期內無法訪問，煩請廣大讀者諒解。

國家圖書館出版品預行編目（CIP）資料

網頁設計 / 張毅 編著 . -- 第一版 .
-- 臺北市：崧燁文化, 2020.01
　　面；　公分
POD 版

ISBN 978-957-681-947-6(平裝)

1. 網頁設計 2. 全球資訊網

312.1695　　　　　　　　　　　　　　　108015130

書　　名：網頁設計
作　　者：張毅 編著
發 行 人：黃振庭
出 版 者：崧燁文化事業有限公司
發 行 者：崧燁文化事業有限公司
E - m a i l：sonbookservice@gmail.com
粉 絲 頁：　　　　　　網　址：
地　　址：台北市中正區重慶南路一段六十一號八樓 815 室
8F.-815, No.61, Sec. 1, Chongqing S. Rd., Zhongzheng
Dist., Taipei City 100, Taiwan (R.O.C.)
電　　話：(02)2370-3310 傳　真：(02) 2370-3210
總 經 銷：紅螞蟻圖書有限公司
地　　址: 台北市內湖區舊宗路二段 121 巷 19 號
電　　話:02-2795-3656 傳真 :02-2795-4100　　網址：
印　　刷：京峯彩色印刷有限公司（京峰數位）

　本書版權為西南師範大學出版社所有授權崧博出版事業股份有限公司獨家發行
　電子書及繁體書繁體字版。若有其他相關權利及授權需求請與本公司聯繫。

定　　價：450 元
發行日期：2020 年 10 月第一版
◎ 本書以 POD 印製發行